黄河水利委员会治黄著作出版资金资助出版图书

U0790402

长河流年

CHANG HE LIU NIAN

邓红 邓云 著

黄河水利出版社

图书在版编目（CIP）数据

长河流年 / 邓红，邓云著 .-- 郑州：黄河水利出版社，2024. 7. -- ISBN 978-7-5509-3942-4

Ⅰ. K292

中国国家版本馆 CIP 数据核字第 2024L3Y898 号

策划编辑　岳晓娟　电话：0371-66020903　E-mail：2250150882@qq.com

责任编辑　岳晓娟　　　　　责任校对　兰文峡

封面设计　赵　钧　张心怡　　　责任监制　常红昕

出版发行　黄河水利出版社

地址：河南省郑州市顺河路 49 号　邮政编码：450003

网址：www.yrcp.com　E-mail：hhslcbs@126.com

发行部电话：0371-66020550

承印单位　河南博之雅印务有限公司

开　　本　787 mm × 1 092 mm　1/16

印　　张　20.5

字　　数　213 千字

版次印次　2024 年 7 月第 1 版　　2024 年 7 月第 1 次印刷

定　　价　98.00 元

纸上黄河

（代序）

话题都和黄河有关。

我在黄河大堤西边一个叫孟岗的小镇读小学，冬天晚自习放学后，还能听到夜空中传来大雁迁徙的鸣叫声。每年到了黄河汛期，小镇的日子里都弥漫着紧张的空气，似乎整个小镇的气氛都融入了黄河水声。街道上连夜行驶着一辆接一辆的大卡车，这些车辆专程往东边黄河滩坝头运送石头、柳树枝、蒲包、铁丝网等抗洪物资。小镇收到抗洪抢险的通知，远方黄河边传来的是控导工程溃塌的消息。

这是我对小镇的记忆画面之一。

后来，坐落在镇上的黄河修防段，新买来一台日本进口黑白电视机，刚开始只有单位的员工看，后来经家属一传播便引来外面人观看，电视机在小镇上第一次出现，在全镇引起轰动。我妈说，那电视机真是奇怪，簸箕大小，像播放小电影一样。刚开始，在黄河修防段的会议室里播放电视，后来人越来越多，拥挤不动，人们就把电视机搬到空旷的院子里。

当时给我的感觉是，黄河修防段是坐落在这个小镇上几个公家单位里面最有钱的一个单位。

我参加工作了，分配在黄河边一个叫芦岗的乡里当信贷员，单位临着黄河，工作是骑车在黄河滩上逐村清收贷款，骑车一会儿的工夫就到黄河边了。许多年过去了，闭上眼睛我还能想起黄河滩里那些还没有自行车车印宽的小路。

我对黄河有一种特殊的感情。

作家邓红从小受在黄河系统工作的父亲影响，一直生活在一个临黄河的城市里，也可以说身世和黄河有关，从事的工作和黄河有关，写作素材和黄河有关，成了一位专门描绘黄河的“黄河文字人”。她出版的几部书题材都是关于黄河的。在她的书里，我能看到：黄河淤泥，两岸芦苇，复堤的夯歌，波浪翻涌的黄河水。几十年里，她一心梳理了关于黄河的文字，整理关于黄河的相关资料，像梳理这一条大河的细浪，称得上大半辈子的文字生涯都围绕着黄河。

从她的书里，我看到了一条大河帆影，那就是另一种文字的倒影，她力所能及地用文字为黄河两岸抒情，为历代黄河人立传，从而组成了另一条“纸上的黄河”。

如今，这一部新作《长河流年》依然和黄河有关。

从西到东，从古代到现代。一条黄河在纸上横流，邓红在书中写到的与黄河相关之处，有的地方我曾经到过、感受过，有的地方虽没有涉足过，但一样能感受到黄河的脉搏跳动，我每每接触到这些黄河的元素，读起来就有一种熟悉感，从这部书里，我又听到了大堤两边的风吹动绿柳之声，大河两岸日夜的涛声，以及一位黄河作家的纸上心声。

这是黄河人写的黄河故事。

冯傑

2024 年 1 月 27 日客郑

（冯杰，诗人、文人画家，中国作协全委会委员、河南省作协副主席、河南省文学院副院长）

前 言

与黄河结缘，源于父辈。父亲是一位“老黄河”，老新闻工作者，写了大量与黄河有关的文章及著作。我正是从父亲的文章、父亲的书中开始了解黄河、认识黄河，并且爱上了黄河，知道了黄河是我们的母亲河，是中华民族的摇篮，但同时黄河又以水旱灾害闻名于世，被称作“中华民族之忧患”。新中国成立后，党和国家投入了大量人力、物力治理黄河，使千年为害的黄河开始造福于人民。我的工作也与黄河密不可分，参加工作后一直在黄河水利委员会（简称黄委）新闻宣传出版中心做治黄宣传工作（在黄河博物馆工作28年，《黄河 黄土 黄种人》杂志社工作3年，黄河志总编辑室工作8年）。父亲在世时常常对我说：“你的工作岗位是宣传黄河的窗口，你要利用自己的写作优势多写黄河，黄河可是有写不完的话题。你要通过你的笔让更多的人了解黄河、热爱黄河、向往黄河、关注黄河。”父亲还时常对我说：“写文章要有生动的细节，要言之有物，不要写空话、大话，要让事实说话。”

父亲对黄河的热爱及言传身教深深感染着我，我开始走近黄河、走近黄河人，利用到沿黄省（区）参观学习的机会，每到一个地方，我就用心观察和收集素材，平时出差、节假日外出旅行，也都会不失时机地收集与黄河有关的资料。

2019年9月18日，习近平总书记在郑州主持召开黄河流域生态保护和高质量发展座谈会时指出，黄河文化是中华文明的重要组成部分，是中华民族的根和魂；要深入挖掘黄河文化蕴含的时代价值，讲好黄河故事，延续历史文脉，坚定文化自信，让黄河成为造福人民的幸福河。会议前一天，习近平总书记走进黄河博物馆，深入了解中华民族治黄的历史，激发起人民群众对母亲河发展变迁更加浓厚的兴趣。作为一名在黄河博物馆工作过28年的黄河人，我看到习近平总书记对黄河保护治理的关心重视，感到热血沸腾、备受鼓舞。《黄河博物馆今昔》一文就是在这种背景下创作而成的，本书《长河流年》的写作意图也正基于此，用自己的专长，积极践行习近平总书记视察黄河的重要指示批示精神，弘扬黄河文化、讲好黄河故事，更是我作为一名治黄宣传工作者的责任与担当。

《长河流年》全书21万多字，按照题材和内容分为走近黄河、文化访古、大河流影三部分。本书的材料主要来源于我长期对黄河的考察与研究和多年的工作经历中对黄河流域的历史遗迹、文化古迹、自然景观、专家学者的实地调查和采访。这期间我积累了丰富的第一手材料，由这些材料形成的作品皆为原创作品。

《长河流年》整部作品以黄河为主线，以一个个黄河故事，将走近黄河、文化访古、大河流影三部分有机地串联在一起，通过对黄河自然景观、治理历程、历史人文、治河人物等元素的描述，展现了当代黄河的治理成就、黄河深厚的文化底蕴、黄河沿岸的风土人情，以及为大河安澜作出突出贡献的专家学者的家国情怀与风采，是献给母亲河的一曲曲赞歌。

邓　红

2023年9月

目录

第一章　走进黄河

第二章 文化访古

第三章　大河流影

第一章

走近黄河

结缘黄河

黄河，中华民族的母亲河，承载着源远流长的历史与文化，从远古流淌至今，见证了我们民族的兴衰和重生。我的生命中，也与这条河结下了深深的缘分。

我读中学的时候，父亲写了一本介绍黄河的书——《黄河万古流》，那时《中国青年报》《文汇报》《北京晚报》《河南日报》《郑州晚报》经常刊登父亲写的有关黄河的文章。从父亲写的书和文章里，我知道了黄河是我们的母亲河，是中华民族的摇篮，但同时黄河又以水旱灾害闻名于世，被称作“中华民族之忧患”。新中国成立后，党和国家投入了大量人力、物力治理黄河，使千年为害的黄河开始造福于人民。从父亲的文字里，我开始认识黄河、了解黄河，并且爱上了黄河，

父亲的著作及参与编辑出版的图书

我向往着有一天能够走进母亲河的怀抱，一睹“黄河之水天上来，奔流到海不复回”的豪壮！

第一次走近黄河、第一次亲眼见到黄河，是一个阳光明媚的夏日。我站在河岸，凝视着奔腾的河水，感受到了黄河一泻千里、汹涌澎湃的磅礴气势。河水激荡着数千年的历史与文化，诉说着华夏民族的辉煌与沧桑，我仿佛听到了古老文明的呼唤，也仿佛看到了这片黄土地上孕育出的黄河般坚韧、自强不息的黄河人的影像，体会到了母亲河独特的魅力！

从踏入职场开始，黄河便成为我生活的舞台，她伴随着我走过青春年华，见证着我的成长，成为我生命中不可或缺的一部分。

和父辈一样，我挚爱和敬仰这条大河！黄河是我心灵的源泉，她如一泓甘泉滋养着我的文化自信，她赋予我力量，让我拿起手中的笔，为母亲河抒写新的辉煌篇章。

我踏入职场的第一个单位是黄河博物馆——一个展示黄河风貌、传播黄河文化、宣传黄河治理成就的重要窗口。

博物馆里看黄河

在郑州市紫荆山公园西侧，绿树丛中掩映着一座典雅的仿苏式建筑，这是我国唯一一座以黄河为陈列主题的自然科技类博物馆。黄河博物馆展厅的面积虽然只有1200平方米，却装进了整条被“浓缩”的黄河。通过照片、图表、文物标本、电动工程模型、电视录像片、触摸屏等，生动地展示了黄河的悠久历史、灿烂文化、自然概貌、水患灾害、生态环境、防洪、水资源利用及远景规划等丰富翔实的内容。

黄河是中华民族的母亲河，黄河本身就是一座天然的博物馆，既有名山大川打造的千奇百怪的自然景观，又有丰富多彩的历史文物编织的人文景观。由于多方面的原因，您不能全程游览黄河这座“天然的博物馆”，然而黄河博物馆可以满足您的这个愿望。在黄河博物馆，您只需短短的一两个小时，就可以漫游万里黄河！

黄河博物馆最引人注目的地方，是采用高科技手段制作的黄河流域数字化地图玻璃地台。地台表面是3厘米厚的玻璃，下面是黄河流域数字化地图。从源头到入海口近百万平方公里的土地被浓缩在人们的脚下，观众在地台上漫步参观，有一种“亲临黄河”的感觉。从青藏高原到黄土高原再到华北平原，三级阶梯连绵的山峦和起伏的沟壑，山川形胜、城市田野历历在目。黄河如一条游龙蜿蜒其间，就像一条巨龙横亘在祖国辽阔的大地上，一座座水电站如同一颗颗明珠镶嵌在巨龙的身上，给黄河增添了无穷的魅力。每每参观至此，观众常常驻足观看。直观、清晰、立体、宽阔的场景，使观众犹如置身于万米高空，

位于金水河畔的黄河博物馆原址（殷鹤仙　摄影）

俯瞰大地，享受着“巡天遥看一千河”的感觉。俯身观看脚下的黄河，或寻找源头，或查找家乡，不禁感叹祖国的博大辽阔、黄河的源远流长。

黄河既是中国的一条大河，也是闻名于世的一条多泥沙、水旱灾害频繁的河流，世界上许多关心黄河的人也很想了解黄河的治理现状。黄河博物馆的综合展厅展示了这方面的内容，通过黄河综合治理成就、下游河道变迁、黄河大堤、小浪底水利枢纽、万家寨水利枢纽等 10 个沙盘模型展示了黄河水电开发、水土保持、防洪等方面的内容，并且每个沙盘模型上都配有多媒体液晶显示器及耳机，观众可以自己操作选择想要了解的内容。

2001 年 9 月，黄河博物馆又用现代化手段把黄河防洪抢险的技术设备与方法制作成幻影成像，形成视觉上的三维空间，使观众能身临其境地观看黄河大堤从渗水到管涌等一系列险情，以及抢护堵漏的过程，这一独具匠心的高科技展示手段受到了观众的热烈欢迎。

作为世人了解黄河的窗口，黄河博物馆自开放以来接待了大批中外专家、学者、港澳台同胞和大中小学生等观众，受到了国内外观众的广泛赞誉，他们称颂黄河博物馆是“黄河巨龙的缩影”“黄河从这里流向了世界”……

2019年9月18日，习近平总书记在河南郑州主持召开了黄河流域生态保护和高质量发展座谈会。会议前一天，习近平总书记走进黄河博物馆，深入了解中华民族治黄的历史，激发起人民群众对母亲河发展变迁更加浓厚的兴趣，黄河博物馆成为新的参观、学习热点。看到习近平总书记在黄河博物馆考察参观的照片，我作为曾经在黄河博物馆工作过28年的黄河人倍感荣幸，也不由想起黄河博物馆那些辉煌的过往。

黄河博物馆今昔

黄河，这条源远流长、波澜壮阔、孕育了中华民族灿烂文明的母亲河，在历史上因其“三年两决口，百年一改道”被称为“中华民族之忧患”。所以，中华人民共和国成立后，领导者们的目光就投向了黄河，黄河的治理进入了一个新时期，黄河治理被列为国民经济建设的重点，国家专门成立了黄河规划委员会。

1. 世界上唯一的一座河流博物馆的由来

1955年，历史上第一个黄河规划制订完毕，并拟提交当年召开的第一届全国人民代表大会第二次会议审议。黄河水利委员会为了宣传规划并动员人们参加黄河建设，根据黄河规划的内容举办了“治理黄河展览”，于1955年4月在郑州首次展览，标志着中国历史上第一座河流博物馆诞生了。

为配合全国人民代表大会审议黄河规划，同年7月，“治理黄河展览”在北京中南海怀仁堂展出，用展览的形式向代表们宣讲黄河规划的内容。其间，毛泽东主席等都参观了展览，展出获得极大成功。为使更多的人能够参观展览，展览稍作调整扩充后，同年10月又移至北京故宫东华门传心殿对社会展出，一直展至1956年2月底，观众达32万人次，反响强烈。刚归国不久的著名科学家钱学森参观后兴奋地说：“治理黄河的确是前人没有做过的极其光荣的事业。”

“治理黄河展览”在北京结束后，又到天津、济南、太原、西安、兰州等地巡回展出，观众总计达129万人次，包括40多个国家的5000多名外宾。展览所到之处，人如潮涌，盛况空前。

1957年7月，“治理黄河展览”巡展结束后展品运回郑州，在郑州馆舍布展。10月1日，“治理黄河展览”正式对全社会

由郭沫若题写馆名的黄河展览馆

开放展出，定馆名为治黄陈列馆。1958 年，该馆曾先后接待过周恩来总理和郭沫若副委员长。1960 年经济困难时期闭馆，直到 1972 年，为纪念毛泽东主席视察黄河 20 周年，该馆根据治黄取得的新成就，重新组织展览对外开放，当时更名为黄河展览馆，郭沫若同志题写了馆名。

改革开放以来，治黄事业和博物馆事业都得到迅速发展，原来展览馆的单一展示、教育职能已不能满足社会的需要。经过内部职能的扩展和调整，1987 年定名为黄河博物馆，确立了水利专业博物馆的发展模式。

黄河博物馆在国家第一次经济建设高潮中诞生，又随着国家经济形势的变化而遭受挫折，历经兴衰。在社会经济发展的新时期，在服务社会的同时不断完善自身职能，完成了由展览馆向博物馆的演变。经过几十年的锤炼，黄河博物馆的主体陈列“黄河的治理与开发”，从内容到形式都日臻完善。它包括黄河的自然概况、黄河的历史灾害、洪水防治、水土保持、水资源开发利用和黄河综合利用规划等专题。这个陈列通过丰富的历史文献、图片、文物标本、灯光图表、工程模型、录像、多媒体电脑、数字化玻璃地台和幻影成像等，生动直观地展示了黄河的自然地理、过去的灾难、现代的治理成就和未来的前景，使观众看到黄河由害河变为利河的过程。观众在这里看到的不仅仅是黄河的变化，更看到了我们国家的沧桑巨变。

2005 年 4 月，走过半世纪沧桑风雨、遍览黄河春秋的黄河博物馆，迎来了自己的 50 华诞。黄河博物馆建馆 50 年来，已接待国内外观众数百万人次，已经成为弘扬中华民族优秀文化遗产、传播水利科学知识、宣传现代治黄成就、增强民众水患意识的重要场所。黄河博物馆先后被授予“郑州市爱国主义教育基地”“郑州市青少年德育教育基地”“黄河系统爱国主义教育基地”“中国科技创新教育基地”“郑州市科普教育基地”“国家水情教育基地”“郑州市中小学校外教育实践专项基地”“河南省中小学专项社会教育实践基地”等称号，被国内外观众誉为“黄河巨龙的缩影”。

在郑州，许多50岁左右的人还对当年自己做学生时到黄河博物馆参观的情景记忆犹新：绿树成荫环境优美的院落、典雅的苏式建筑、富丽堂皇的展厅、丰富的图片资料、逼真的过水电动模型、生动的小电影《黄河万里行》……这些都给他们留下了深刻的印象，一批又一批的学生通过参观黄河博物馆了解黄河、认识黄河、爱上黄河，并有许多人参加工作后投入到了治理黄河的建设中。

2. 五洲四海看黄河

作为宣传黄河的窗口，黄河博物馆发挥着沟通海内外的桥梁作用，许多外国朋友、海外侨胞、港澳台同胞在这里“游览”黄河，感受黄河，黄河从这里流向五洲四海。

早在20世纪70年代，黄河博物馆（当时为黄河展览馆）就已经是河南省的对外开放单位，凡是省政府的外事接待几乎都安排来馆参观，平均每年接待外宾3000多人次，20世纪90年代发展到每年接待外宾6000多人次。许多人慕名而来，著名英籍华裔作家韩素音女士曾三次参观黄河博物馆，每次都是兴致勃勃，看过展览她都发出由衷的赞叹：“太好了！有这么好的展览，出乎意料。”有位粗通中文的外国人留言，称黄河博物馆是“容纳黄河的房子”。港澳台同胞比外国人有更浓的感情表达，他们称黄河博物馆为“黄河巨龙的缩影”。

《大地地理》杂志记者王美瑗女士1988年参观了黄河博物馆，看过展览后她激动不已地说：“黄河是中国大地上桀骜不驯的巨龙，也是我们梦中久违的母亲，感谢让我们参观了黄河博物馆，我们永志不忘！”王美瑗女士回台湾后又多次与黄河博物馆联系，意在让这个展览在台湾展出，让更多的炎黄子孙认知黄河。

由于黄河博物馆的竭诚合作，《大地地理》杂志与大地艺术中心终于在1989年3月11日至4月13日在台北市成功地举办了“黄河 黄土 黄种人”展览。这是一次具有深远意义的展出，像是慈母和家园的召唤，像是根的吸引，在台湾各界引起了巨大轰动。应观众要求，展览又移至台湾省立博物馆再次展出，“黄河 黄土 黄种人”展览理所当然地被载入了新时期海峡两岸交流史。现在黄河水利委员会主办的社科类刊物《黄河 黄土 黄种人》杂志名即源于此次展览。

1991年9月，世界女市长、女企业家研讨会在三门峡召开。为了配合这次会议的召开并利用这次会议向世界人民介绍黄河，黄河博物馆在三门峡市博物馆举办了“治理黄河成就展”。会议期间接待了2000多名中外观众，女市长们看过展览后报以热烈的掌声。许多人说：“这个展览太好了，有机会一定要亲自到郑州黄河博物馆参观。”

外宾参观黄河博物馆

英国博物馆协会参观团在参观了黄河博物馆之后，有人十分钦佩地说：“我们在世界各地参观过很多博物馆、展览馆，却从没有见过像你们这样把一条河装进了博物馆，而且办得这样引人入胜。希望这个有意义的展览能在英国展出，让不能来中国的英国人都能了解伟大的黄河。”

一位印度博物馆同行称黄河博物馆是当今世界上唯一的一座以河流的治理与开发为专题的独具特色的博物馆。

新世纪初，黄河博物馆先后接待了泰国公主诗琳通、埃塞俄比亚水利部部长贾索、中国首任驻美大使柴泽民、中国驻大阪领事钱昌奎等多位贵宾，还有一些外国驻华使节及家属每年都专程从北京来馆参观。2003 年、2005 年，两次接待了参加“黄河国际论坛”的各国与会代表，黄河博物馆已成为在国内外享有一定知名度的水利行业博物馆。

3．韩素音说“中国人民了不起”

我刚到黄河博物馆工作不久，适逢著名英籍华裔作家韩素音女士来馆参观，她已经是第三次来馆参观了。关心黄河的参观者，大都十分关心三门峡水利枢纽工程的建设。这不只因为它是黄河干流上兴建的第一座大型水利枢纽工程，而且还由于在建设过程中走了弯路，不得不动了“手术”，既有经验也有教训。

韩素音女士在参观黄河博物馆时，在三门峡水利枢纽工程的电动模型前看得十分仔细。她既看到了三门峡的旧貌，也看到了工程初步建成后由于泥沙严重淤积而被迫进行改建的产物——左岸那两条直径为9米的排沙洞，她还看到了三门峡水库今日的美景奇观。当她听到改建后的三门峡水利枢纽工程，正在发挥着防洪、防凌、发电、灌溉、供水等综合效益时，连连称赞：“中国人民了不起！”

一位国外工程师说：“我也是搞水利的，看了你们的水利工程，我觉得它比万里长城还要宏伟，真了不起！”

台湾同胞参观小浪底水利枢纽工程模型

1991年9月1日，黄河上又一座举世瞩目的伟大工程——小浪底水利枢纽工程前期工程开始动工兴建，这是黄河变害为利、造福人民历史进程中的又一座里程碑。在黄河小浪底水利枢纽工程的模型前，观众更是流连忘返，特别是港澳台同胞表现出了极大的兴趣。

4. 新馆建设

黄河博物馆是在新中国第一任“河官”王化云的支持下创办起来的。王化云生前曾说过，他一生办了四件大事，其中一件就是黄河博物馆的建立。至2005年，已经走过50年历程的黄河博物馆，由于建设年代的限制，陈列展厅面积狭小，只有1200平方米，建筑结构不合理，功能也不全，且已超过使用年限，已经不能适应现代博物馆陈列展览和收藏、研究等多方面的需要。与全国其他博物馆相比，差距越来越大。而且黄河博物馆坐落在郑州的行政、商业和娱乐的中心地带，为人瞩目的现代化立交桥和紫荆山百货大楼从它身边崛地而起，这座陈旧的低层建筑显出几分窘迫。郑州市在城市改造中，多次要求拆迁

位于郑州市花园路与迎宾路交会处的黄河博物馆新馆（朱卫东　摄影）

和拆除黄河博物馆。为此，经黄委党组多次酝酿讨论，决定重建黄河博物馆。

黄河博物馆新馆馆址位于郑州市花园路与迎宾路交会处，占地40多亩[①]，经广泛征集方案，上海现代建筑设计（集团）有限公司总设计师邢同和先生提交的设计方案脱颖而出。

在水利部和地方政府的大力支持下，黄河博物馆新馆于2012年9月27日建成并对社会正式开放。这一融现代建筑气息与历史文化为一体的黄河博物馆新馆，建筑面积近1万平方米，陈列面积4000平方米，是我国首座现代化、多功能的河流博物馆，也是黄河水利委员会对外宣传黄河的窗口。馆区内花木葱郁，环境优美，成为郑州市民文化教育和休闲娱乐的又一好场所。

回顾新中国人民治黄的历史，黄河博物馆见证了党和国家对治黄事业的高度重视。毛泽东主席第一次出京巡视就来到黄河，并发出“要把黄河的事情办好”的伟大号召，众多国家领导人都曾亲临黄河视察工作。黄河，在习近平总书记心中的分量同样很重。

习近平总书记在郑州主持召开高规格的黄河流域生态保护和高质量发展座谈会，强调指出保护黄河是事关中华民族伟大复兴和永续发展的千秋大计，黄河流域生态保护和高质量发展是重大国家战略，让黄河成为造福人民的幸福河。

习近平总书记对黄河保护和治理的关心与重视，极大鼓舞

① 1亩＝1/15公顷，全书同。

了治黄职工，我们相信在以习近平同志为核心的党中央坚强领导下，人民治黄事业一定会蒸蒸日上！

2012 年 9 月 27 日，参加黄河博物馆新馆开馆仪式

亲历辉煌

1999年10月1日，是中华人民共和国成立50周年大庆，国庆节前后北京展览馆举办了为期一个月的“光辉的历程——中华人民共和国成立50周年成就展”。黄河博物馆是水利部水利展区的主要参展单位，我有幸参加了这一新中国成立以来综合反映我国政治、经济、文化、国防、外交等各方面巨大成就的规模最大的展览会，代表黄河博物馆参加了水利展区的展出工作，深切感受到中华人民共和国成立50周年辉煌成就带来的震撼。

每天早晨上班，来到北京展览馆，展览馆门前总是涌动着排成长龙的人流，每次置身其间，我都会感受到一种朝气蓬勃、积极向上的民族生命的张力。走进五光十色的展厅，鲜花映衬着醒目的中国版图，随着版图上滚轴的翻动，不时地幻化出鲜艳的国旗和千万张健康、开朗的国人的笑脸。四面环绕集中展示的，是中国共产党三代领导集体的历史性贡献和新中国成立50年来具有里程碑意义的重大历史事件。

在上海展厅，激光全息技术的灯光变幻中，观众可先后看到“悬浮”于空中的生产于1958年的新中国第一辆凤凰轿车、1985年产的大众桑塔纳轿车和1998年产的别克新世纪轿车，从中可以看到上海汽车工业的今昔巨变。四川展厅，陈列着一台被命名为“腾飞”的火箭模型，随着倒计时点火时间的到来，只见“火箭”霍然轰鸣而起，直指蓝天。这惟妙惟肖的展示不仅告诉人们西昌是我国最大的商用卫星发射基地，更寓意着四川经济的腾飞。在几个少数民族自治区的展厅内，美丽的少数民族姑娘以其特有的热情，来表达她们故乡50年来发生的翻天覆地的变化。这里哈达飘扬，奶茶流香，琴声阵阵，歌舞满堂。枸杞、甘草、贺兰石、滩羊皮和发菜，不仅是“宁夏五宝”，更成了此次宁夏展馆的镇馆之宝。昔日的土特产今天已经走上了产业化发展的新路。

我所在的水利展区以其新颖、独特的音像设备、别具一格的展览形式，展示了中华人民共和国成立50年以来中国水利建设事业的辉煌成就。从举世闻名的都江堰，到气势磅礴的三峡工程；从大禹治水到九八抗洪，中华民族在与水的抗争中得到了凝聚和发展。一位台湾观众看了展览后对我说，他一直很关心大陆的水利发展情况，但是过去了解得很少，通过展览看到这几十年大陆水利事业发展很迅速，他感到很振奋。北京大学的一位老教授看了展览后，激动地拉着我谈了他的感想。他说要站在历史的角度来看中国的变化，新中国成立只有50年，且是从半封建半殖民地的社会转变而来，人口多、底子薄，要根据中国国情看问题，不能单纯地同美国相比。美国已建国200多年，起点不一样，要看到中国这几十年的成就，变化是迅速的。

一批又一批热情的观众在展厅流连忘返，他们既惊异于高新技术展示手段带来的耳目一新的感觉，更慨叹成就展所展示

原水利部部长杨振怀在水利展区参观指导（右三为邓红）

的新中国50年的沧桑巨变。一个月的展览，吸引了150多万国内外观众，盛况空前。众多党和国家领导人在展览期间也来到北京展览馆，兴致勃勃地观看了展览。

转瞬20多年过去了，但那次展览给我留下了难忘的记忆。直到今天，我仿佛仍然置身于那气势恢宏的由声、光、电营造的五彩世界……

根据自己多年的工作经历及近年对黄河流域历史遗迹、文化古迹、自然景观、专家学者的实地调查和采访，以第一手材料，通过一个个“黄河故事”讲述黄河的自然景观、治理历程、历史人文、治河人物等，展示黄河当代的治理成就、深厚的文化底蕴、沿岸的风土人情，以及为黄河安澜作出突出贡献的专家学者的家国情怀与风采。用自己的专长，积极践行习近平总书记视察黄河的重要指示批示精神，弘扬黄河文化，讲好“黄河故事”。

长河曲流

黄河干流素有“九曲黄河”之称。“九”在古代是形容多的意思，说明黄河弯曲的地方很多。黄河自发源地至入海口，由几处大的弯曲构成一个

九曲黄河（殷鹤仙　摄影）

大“几”字形。黄河总的流向仍然是自西向东，全长5464公里，自河源至河口直线距离只有2068公里，实际距离是直线距离的2.64倍，水利专家把这叫作河流的弯曲系数。俗语说：“天下黄河九十九道湾。”实际上黄河岂止九十九道湾，万里黄河上的大小弯曲可以说是不计其数，但45度以上的大湾则只有6个，其中180度以上的大湾3个，90度以上的大湾2个，45度以上的大湾1个。

1. 唐克湾

唐克湾位于黄河上游青海、四川、甘肃三省交界处附近。黄河流出河源区后，大体由西北向东南流，绕阿尼玛卿山（积石山）转向西北流，构成180度大湾，湾顶在四川省若尔盖县的唐克镇，故称唐克湾。因为这个湾位置居上，又称黄河第一湾。

2. 唐乃亥湾

唐乃亥湾位于青海省东部地区。黄河流出第一大湾后，沿着阿尼玛卿山与西倾山之间的谷地继续向东北流，在流经玛沁、同德、兴海、贵南、共和、贵德等县境的同时，河势逐渐转向东南，构成黄河第二个大湾，湾顶在兴海县的唐乃亥，所以叫唐乃亥湾。

3. 兰州湾

黄河在唐乃亥湾与河套湾之间有4个小湾相连，总的流向是先东后北，大体呈90度大转弯，流向转折点在兰州附近，称兰州湾。黄河在这个弯段内，大体穿行于秦岭西端、祁连山东端、六盘山以北与陇西地块之间，沿构造线强烈下切，河流与山脉的走向近乎垂直，形成川峡相间的河谷。主要峡谷有10多处，岩性坚硬，落差集中，开发条件优越，是水电建设不可多得的“富矿”基地。此段已建成龙羊峡、拉西瓦、尼拉、李家峡、刘家峡、盐锅峡、八盘峡、青铜峡等水电站。

4. 河套湾

河套湾位于黄河流域北部。黄河自兰州湾流出后，继续向北流，经银川在内蒙古境内转向东流，横贯内蒙古河套平原，在托克托县折转南下，进入晋陕峡谷，在流域的“几”字形头部又构成一个180度大套湾。湾顶在内蒙古临河区附近。河套湾流经宁夏、内蒙古、山西、陕西四省（区）。其最窄处，东西横跨鄂尔多斯台地，直线距离长达300多千米，河套湾内侧所包围的鄂尔多斯内流区，面积4万多平方千米，相当于黄河流域面积的5.6%，可见这个套湾之大。

5. 潼关湾

黄河出禹门口后，直流南下，进入渭汾地堑盆地，至陕西潼关急转东流，构成90度大湾，然后沿秦岭北麓直趋三门峡。湾顶在潼关县老城，故称潼关湾。

6. 兰考湾

兰考湾位于河南省兰考县东坝头，地处华北平原黄河冲积扇的中部，容易摆动。现行河道是清咸丰五年（1855年）铜瓦厢堤防决口改道形成的。决口前，在明、清两代大部分时间里，黄河流向微向东流，经开封、商丘、徐州市夺淮入黄海，决口后的黄河流路经东明、张秋、鱼山夺大清河由垦利入渤海，改向东北流，在兰考县东坝头构成45度的大湾。

黄河龙头工程走笔

到达西宁的第二天，我们便赶往龙羊峡。龙羊峡距西宁150公里，车出西宁市区后沿109国道疾驶，一路上不时飘有小雨，不知不觉便到了日月山。此时，只见山巅苍云笼罩雪峰、直插云霄，山下是野花盛开的辽阔草原，白色的羊群和黑色的牦牛点缀其间，远远望去像是围棋的黑白棋子一样，而那大草原像是一个绿色的棋盘。

车渐行渐远，人烟稀少，有一种与世隔绝的感觉，感到很荒凉。汽车爬上龙羊峡的屏障茶纳山，从公路上可以看到黄河了。这里的河水是绿色的，像潭水一样。峡谷中蜿蜒的黄河，像一条青龙。当望见马路纵横交错、高楼鳞次栉比的龙羊峡生活区时，一下子让人感到生机勃勃，宛若一片荒漠之中的一叶新绿。

到达目的地后，首先参观电厂。进入厂房，4台机组映入眼帘。3号机组正在大修，发电的是1、2、4号机组，转轴巨大的轰鸣声震耳欲聋。龙羊峡水电站年发电量为60亿千瓦时，当时是黄河上最大的发电站，但它的库容、单机容量、大坝的高度，在我国当时堪称为“三最”电站。

关于龙羊峡名称的由来，有一个传说故事。相传唐朝文成公主进藏时，来到日月山，正欲西行，忽有一条孽龙腾云驾雾阻止公主西行。此时，天上又出现一群石羊与孽龙展开搏斗，终于将孽龙击败于日月山东南侧的峡谷之中。顿时，风停雨止，雾散云开，公主继续西行。自此，人们把这条长峡称为龙羊峡。

龙羊峡水电站是黄河上的“龙头”工程，完工于1989年。1981年黄河上游发生特大洪水，龙羊峡工程围堰成功地拦截了10亿立方米的洪流，减弱了刘家峡大坝的压力，保证了黄河下游两岸人民的生命财产安全，为消除黄河特大水灾立下了功勋。

从电厂出来后到大坝参观。龙羊峡大坝高178米，相当于60层楼高。望着巍峨壮观的大坝，只觉得自己是那么的渺小与微不足道，但一看到人们在无尽的荒山野岭开辟出来的一层层梯田、坝地，在杳无人烟让人看一眼就胆战心惊的大峡谷修建起来的大坝和水电站，以及在几乎与世隔绝的地方创建出来的有声有色的生活区，在感叹大自然的神奇与伟大的同时，不由得产生出“人更伟大”的感叹，也为人类感到自豪！那么渺小、那么微不足道的一个人，却有着那么神奇的智慧与力量，让这穷山恶水改变了模样，在黄河上修建了一座又一座水利工程，锁住了这条桀骜不驯的“黄龙”，使千年为害的黄河变成了一条造福于人类的益河。看到人类创造的一个又一个奇迹，怎不为身为一个人而感到骄傲与自豪？！在这气势宏伟的工程面前，你的心胸也不由得变得宽广而博大……

感谢龙羊峡工程的建设者们，感谢奋战在黄河第一线的治河职工，你们是我们民族的骄傲！

青海高原上的“西双版纳”

从青海省海东市循化撒拉族自治县乘车东行20公里，在咆哮湍急、蜿蜒东流的黄河南岸，便可看到葱郁挺拔的孟达自然保护区。孟达自然保护区是一个山高沟深、树大林密、植物繁多、风景优美的原始自然林区，被人们称之为青海高原上的“西双版纳”。

孟达自然保护区总面积17290公顷，海拔在1780米至4180米之间。这里气候温和，空气湿润，植物茂盛。山上怪石林立，悬崖峭壁如刀砍斧劈。山中古树参天，苍劲挺拔，瀑布高悬，野兽出没。这里植物种类繁多，有600多种，堪称植物王国。亚热带、暖温带、寒温带、亚寒带的植物在这里都可看到，有台湾松、华山松、华北青杆、辽东栎、巴山冷杉、华桔竹等树种。那漫山遍野的珍珠梅、紫丁香、红杜鹃、八仙花、海棠、蔷薇等100多种野生观赏植物和花卉，争奇斗艳，千姿百态。这里还有大量的珍稀动物，如麋鹿、林麝、狍子、岩羊、虎、熊等，以及雪鸡、马鸡、雉等飞禽30多种，另有鲤鱼、鲫鱼、白鲢、狗鱼、湟鱼等多种鱼类。这些飞禽走兽和鱼类使林区生机盎然，景致迷人。

孟达自然保护区的大森林中有一个风光绮丽的高原湖

泊——天池。天池海拔2500米，面积近300亩，平均水深15米，蓄水量达800万立方米。湖面平如明镜，湖水清澈透明，游鱼可见。孟达天池湖光山色，相映成趣，集雄、奇、灵、秀于一身，是大自然的杰作。

置身于云遮雾绕、风光旖旎的孟达林区中，仿佛步入琼楼玉宇，令人心旷神怡，流连忘返。

日月山下水倒流

由西宁乘汽车沿黄河支流湟水西行，过湟源县城不远，就是日月山垭口，山道旁一块石碑上刻着“日月山”三个大字，两旁的山顶上，分别矗立着彩绘飞檐、金碧辉煌的日亭和月亭。站在峰顶举目远眺，山的东面，绿树成荫，田园似锦；山的西边，则是一望无际的大草原，日月山成了青藏高原牧业区同农业区的分界线和草原大门。

日月山海拔 3200 米，山顶部由第三纪紫色岩组成的红色，所以古称“赤岭”，藏语称“尼玛达娃”，蒙古语称“纳喇萨啦”，即太阳和月亮之意。日月山为祁连山余脉，西北—东南走向，长 90 千米，宽 10 ～ 15 千米，最高峰阿勒大湾山海拔 4455 米。唐太宗贞观十五年（641 年），吐蕃首领松赞干布向唐王室请求和亲，唐太宗把宗室女文成公主许配给松赞干布。文成公主离开长安进藏时，唐太宗送给她一面日月宝镜，嘱咐她思念家乡和亲人时，一照日月宝镜，就能从中看到长安故乡的宫室楼台、园林池水。文成公主离开长安后，非常想念故乡和亲人，途中常常拿出日月宝镜照看。特别是到了赤岭，眼望着那“天苍苍，野茫茫”的荒凉景象，更加思念故乡，多次拿出日月宝镜照了又照，徘徊不前。但当她想到此行是为了汉藏民族团结和睦，便毅然将日月宝镜摔碎在赤岭，继续前行。从此以后，赤岭就改名为日月山。

过日月山后是辽阔的草原。近处，暗绿色的小草紧紧地贴着地皮，看不到树木；远处山峰上，白雪皑皑，隐约可见，前方不远处有一条清澈的小河，名叫倒淌河。

倒淌河既是河名，又是地名。传说这条小河是当年文成公主进藏时淌下的泪水汇成的，所以同大多数河流的流向不一致。一般来说，我国的河流大都是自西向东流，而这条小河则沿着当年文成公主进藏时的路线自东向西流，因而得名倒淌河。

倒淌河的走向主要是受山脉和地形的制约。倒淌河过去是青海湖与黄河的通道，后来由于日月山的隆起和青海湖的沉降，使得它自东向西倒流注入青海湖。历史上这个默默无闻的荒漠之地，如今成了青藏公路和青川公路的分岔点，人来车往，逐渐热闹起来。现在日月山和倒淌河都成了青海著名的旅游景点，热情的藏民在这里开发了多种具有民族特色的旅游项目，每年都有众多的中外游客到这里观光旅游。

诗意青海湖

从青海省省会西宁市出发，绕湟水、穿石峡，翻过日月山，西行近200公里，便可见在那绿茵毯上静静地躺卧着一个浩瀚无垠、湛蓝淡雅的巨大湖泊——美丽的青海湖。

青海湖是我国最大的内陆咸水湖，古称西海，蒙古语叫“库库诺尔”，藏语叫“错温布”，都是青色海的意思，青海省也由此得名。据地质学家考证，青海湖一带原是一片浩瀚的古海洋，200万年前，由于地球造山运动，一部分海水被隆起的高山环绕围住，形成大大小小的湖泊，青海湖即是一个较大的湖泊。青海湖原先是一个外泄湖，它的出口与黄河相连，河湖共存，彼此情深意浓。只是到了13万年前的某一时刻，湖水出口地带在强烈的地壳变动中被高高抬起，形成了日月山，出现了倒淌河。从此，河湖天北地南，青海湖也永远关闭了它多情的心扉，斩断了它与黄河丝丝缕缕的恋情。

诗情画意青海湖（朱卫东　摄影）

青海湖湖面海拔3196米，面积4583平方公里，环湖周长360公里。青海湖宛如一颗蓝色宝石镶嵌在青海高原上，它与淡妆浓抹总相宜的西湖和碧波浩渺的洞庭湖性格迥异。它的独特之处就在于任何人工雕琢粉饰在它的身上都会黯然失色。这里空气洁净，站在湖岸朝湖面望去，只见天水相连，万顷碧波中倒映着蓝天白云，对岸的重山叠峦似乎被吸倒在湖面上，令人心旷神怡，流连忘返。湖面银光点点，湖上飞鸟翔集，四岸绿茵绵绵，各种野花争奇斗艳；点点帐篷，群群牛羊，生机勃勃，充满着诗情画意，犹如一幅美丽的天然画卷。明朗静穆的氛围，净化着每一个来客的心灵！

青海湖是一个七色湖。由于湖水各处深浅不同，在不同的季节，甚至在同一天之内，水的颜色也迥然而异，给人以神奇莫测之感。湖中有5座小岛，如同5艘漂泊在湖面上的小船，形成各自独有的特色。

青海湖的西北部有驰名中外的鸟岛。在仅有0.27平方公里的蝌蚪形的鸟岛上，居住着十几万只鸟，天空、地面、水里到处是鸟。鸟窝遍地，没有间隙之地。盛夏时节，我国南方和东南亚一带的斑头雁、鱼鸥、棕头鸥、赤麻鸭等十几种候鸟，成群结队飞到鸟岛上，筑巢孵卵繁衍后代。十几万只不同种类的鸟汇集岛上，动则遮天蔽日，鸣则声震九天，它们为青海湖增添了无穷的趣味和活力。鸟岛是青海湖的重点景观，到青海湖者必然要到鸟岛。每到春夏秋季，这里更是游人熙攘。

如今，青海湖以它瑰丽无比的湖光山色、闻名遐迩的鸟岛风情，成为青海省最有代表性的、令人心驰神往的旅游胜地，每年都有许多中外游客到这里观光旅游。人们说："到了西宁而没到青海湖，那就等于没到青海。"

在美丽的青海湖畔留影

行走塞上江南。

黄河金岸　塞上江南

“黄河之水天上来，奔流到海不复回。”黄河，这条源远流长、波澜壮阔、孕育了中华民族灿烂文明的母亲河，在历史上也因其“三年两决口，百年一改道”被称为“中华民族之忧患”。尤其是在黄河下游两岸的河南、山东省境内，历史上经常发生水旱灾害。

然而，“黄河百害，唯富一套”“天下黄河富宁夏”。无论黄河在中、下游怎样肆虐发威，黄河都将她的温柔留在了宁夏，使得这片土地成为黄河的宠儿。黄河为宁夏平原带来丰富的水资源，提供了最周到的灌溉功能，在宁夏留下美好的声誉。

从地图上看，宁夏的形状像个枣核，贺兰山脉绵亘在西北部，巍峨的六盘山坐落在南端。奔腾咆哮的黄河从甘肃省兰州市东下，闯过黑山峡，流入宁夏境内，穿过中卫、中宁平原，从青铜峡冲出，逶迤于银川平原，到石嘴山出境，流程 397 公里，自南向北纵贯宁夏，滋润着 400 万亩宁夏黄河河套灌区，描绘出一幅“天下黄河富宁夏”的图景。宁夏段黄河水面宽阔，水势平缓，风光秀美，稻香鱼肥。1000 年前唐代诗人就有“贺兰山下果园成，塞北江南旧有名”的赞美诗句。宁夏利用黄河水进行自流引灌已有 2000 多年的历史，黄河给生活在两岸的宁夏人民带来了文明和富裕。所以，千百年来西北人都说“天下黄河富宁夏”，黄河为宁夏带来了“塞上江南”的美誉。

宁夏平原得黄河水灌溉，素有“塞上谷仓”之称，是我国重要的商品粮基地。深秋，宁夏引黄灌区千里沃野，到处是黄澄澄的稻田，飘逸着浓郁的稻香。这里的农田一般是小麦和水稻每年间隔着种，所以，宁夏盛产面粉和大米。由于每年只种一季的农作物，再加上引自营养丰富的黄河水灌溉和北方较长的日照时间，因此这里出产的面粉和大米都非常的好吃。宁夏大米粒圆、色洁、油润、味香，用其蒸制的米饭，洁白如脂，粒粒晶莹，黏而不腻，油润香口，让人回味无穷。宁夏的地方风味更是独树一帜，这里的糖醋黄河鲤鱼、沙湖大鱼头、手抓羊羔肉、羊肉泡馍、回族的馓子等特色食品让你领略到穆斯林风味。水果就更多了，北方常见的水果这里几乎都有，特别是种在沙地里的西瓜，又大又甜，吃一口，满嘴流蜜。

美丽、富饶的土地孕育着自治区丰富的土特产，最为著名的枸杞（红）、甘草（黄）、贺兰石（蓝）、滩羊裘皮（白）和发菜（黑）被誉为“红、黄、蓝、白、黑”宁夏“五宝”。

宁夏众多的历史、人文、自然、宗教景观美不胜收。被誉为“东方金字塔”的神秘的西夏王陵、被称为“岩石报章”的贺兰山古代岩画、雄伟的中卫高庙、遥相呼应的北塔西塔、美丽奇特的沙湖、“大漠鸣钟”的沙坡头、滔滔黄河上古老的运

与同事在宁夏街头邂逅三位法国游客（右二为邓红、右三为邓云）

输工具羊皮筏子、腾格里和毛乌素沙地之边的骆驼群、原始森林苏峪口、青铜峡幽静的鸟岛、穆桂英点将台、灵武镇河塔、西北影视基地镇北堡、壮观的南关清真寺、群燕飞舞的玉皇阁鼓楼……这些组成了宁夏特有的塞北迷人风光。

黄河在宁夏平原平静地流淌着，灌溉着两岸的农田，造福当地的人民。也正是因为黄河的存在，使生活在不同地区的人民生活差距相当悬殊。引黄区的人们丰衣足食，是真正意义上的鱼米之乡，而那些离黄河较远或黄河照顾不到的地区则是典型的靠天吃饭，生活相当艰辛。宁夏平原能够在大漠上得天独厚，成为塞上的江南，原因就是受了黄河之赐。从古至今，宁夏经济无一不与黄河联系在一起，黄河是宁夏赖以生存、发展、兴旺的自然基础。

万里黄河穿越宁夏大地，给予了宁夏丰富的水利、自然与人文资源，黄河在流经的过程中，厚意滋润了这片膏腴的土地，塑造了风光旖旎的宁夏平原，染绿了塞上千里沃野，使之成为了塞上的江南、西北的粮仓。“天下黄河富宁夏”的古老民谚将浩荡大河对宁夏这块黄土地的厚爱和赐福概括无遗。

和谐共生的沙湖画卷

提起大西北，人们首先会想到“长河落日、大漠孤烟”的雄浑壮丽景色。然而在西北要塞宁夏，距银川市50多公里处却有一个有沙又有湖，集大漠风光与江南水乡于一体的“塞上明珠”——沙湖。

沙湖，一半是苍凉浩瀚的黄沙，一半是烟波浩渺的湖水，就像一个粗犷雄浑的西北大汉拥揽着一位温柔秀美的江南少女，在这里沙与湖似乎是天造地设的一对情侣，相互依偎，缠缠绵绵。只见湖水碧波荡漾，沙海金浪起伏，碧水萦绕着黄沙，黄沙守护着碧水，这种惊天之美不由得让人感叹大自然的造化是如此的神奇与不可思议。

沙、水、苇（王建民　摄影）

乘船游览碧波万顷的湖面，那“落霞与孤鹜齐飞，秋水共长天一色”的壮丽旖旎之景，会使你沉醉于如梦的塞上仙境。湖中一丛丛的芦苇郁郁葱葱，微风吹来，婆娑作响。在太阳光的照射下，湖水波光粼粼，像是由无数个小电灯泡在闪光。蓝天、黄沙、碧波、绿苇、白鸥，以及远处如黛的贺兰山，自然和谐地交织在一起，构成了一幅优美而清新的画面，大有“天然风韵压群芳”之势。

乘船游览沙湖

沙湖美，美在水。沙湖的水质极好，绝少污染。站在湖岸的沙丘上看沙湖，青绿色的湖水像是一块翡翠滑落在了金沙盘里，晶莹剔透。沙湖水的形成和黄河是分不开的，“天下黄河富宁夏”，流经宁夏平原的黄河水，浇灌着这里的大片农田，滋润着千里沃野，使宁夏成为一块富饶的土地，给宁夏带来了“塞上江南”的美誉，也造就了一颗“塞上明珠”。沙湖水辽阔、浩瀚、明朗，有着大家之气的性格、情韵。那绿莹莹的湖水清澈、纯净，就那么悠悠扬扬地荡漾着，直荡进你的心田，它能洗亮你的双眼，洗亮你蒙尘的心。

沙湖美，美在沙。有人说沙是从贺兰山西面的腾格里沙漠在西北风的作用下千里奔袭而来的。沙湖的沙洁净、细绵，起起伏伏，色泽金黄，不但美而且奇。之所以奇，是因为它远离沙漠而独立于大湖之旁，千年风吹而不移，万人攀踏而不坠，任凭风吹雨打，始终与湖相亲相依。水与沙默默相守，和平共处，大自然的神秘法力，构成了别具风情的奇特沙湖特质。在这里人们可以游沙、观沙、玩沙，还可以观赏沙雕、沙浴。沙山在太阳的照耀下是灼热的，据说热沙可通气血治疗风湿，于是，一些人便脱了鞋子，赤脚攀登沙山，或是撑把伞坐在沙坡上，把腿埋进沙子里，细绵如浴的感觉油然而生。而骑上骆驼，在沙丘间绕行，体验一下置身大漠的感受，更是让人难忘。那悠悠的驼铃声，会使人不由得想起古代丝绸之路的古道。

沙湖美，美在苇。沙湖里一丛丛、一簇簇蓬蓬勃勃、亭亭玉立、倩影婆娑的芦苇，就像盛开在湖中的绿色花朵，把万顷碧波装扮得分外奇妙与秀丽，就如同有人匠心独运着意安排了似的，疏密相间，和谐甜美。密的地方浓墨重彩，苍苍茫茫；疏的地方一墩一簇，形成一条条曲曲弯弯的水道，曲径通幽般任由大小船只自由穿行其间，让人去体验那“山重水复疑无路，柳暗花明又一村”的意境。风吹过，水漾苇荡，这景象不由得让人想起一首优美的古诗：蒹葭苍苍，白露为霜，所谓伊人，在水一方……

沙湖美，美在和谐。沙湖是将各种美糅合在一起的灿烂华章，沙湖的沙山温柔地牵住了一湖水，沙水相融，水苇相映，浑然天成。这里金黄的沙山与碧绿的湖水和谐地依偎着、缠绵着，那么自然，雄浑粗犷与秀美细腻构成了沙湖优美的诗行。

沙海涌动，湖荡波碧，翠苇摇曳。沙湖胜境，令人陶醉，让人忘却了尘世之喧嚣。

黄河峡谷随笔。

擦亮大河峡谷的名片

黄河上中游流经的青藏高原和黄土高原地区，山河壮丽，地域奇特，干流上形成了数十个大小不一的峡谷。峡谷名称五花八门，有的以颜色为名，有的以动物为名，有的以数字为名，有的以地域为名，而大多数则是因传说而得名。

龙羊峡

黄河流过水草丰美的河源地区，环绕积石山兜了一个上千公里的“S”形大弯，历经艰险曲折，进入龙羊峡。在这里，黄河已失去了“幼儿”的稚气，进入壮美的青春期。尽管两岸壁立的山峰把它逼进了又窄又深的河谷，而它却以青春的活力，顽强地厮杀着、咆哮着，一往无前地奔流着。

龙羊峡位于青海省共和县与贵南县交界处的黄河干流上，是个40公里长的大峡谷，两岸陡崖高矗，峭壁对峙，进口处高出水面700余米，峡谷内河宽只有30米，站在谷底向上仰望，云天一线，雄伟壮观；向下看，激流滚滚，惊涛拍岸。

传说从前龙羊峡两岸是一个整体的大石山，名叫茶纳山。山前是一个内陆大海，名叫茶纳海，海内锁着一条犯罪的黄龙。这黄龙原是天帝的长子，本应由他继承帝位，后黄龙听错传话，误以为天帝要舍弃他，另立其弟小黑龙继承帝位，就私下串通天兵天将准备推翻天帝。不料，风声传到天帝耳中，天帝随即派神兵擒拿了黄龙，并将他锁进茶纳海中，以示惩罚。奇怪的是，黄龙被锁进茶纳海后，每当日落西山，海里便金光闪闪，耀眼夺目，几十里外都能看见，惹得周围的人们纷纷前来看稀罕。茶纳山上有个仙女看见金光后变成一只白色小母羊也下山到茶纳海观景，她经常奔波于山海之间，渴了喝海水，饿了吃山草，每天都在茶纳海边同黄龙相会，共叙心事。这件事很快就传到了天帝耳中，他立即派风雷神去鞭打黄龙和白羊。一鞭下去，山崩地裂，海水倾泻，黄龙与白羊便随倾泻的海水穿过裂开的山口奔腾而下，流入大海，留下了这个大峡谷，龙羊峡因此而得名。

在龙羊峡出口处的黄河北岸边，有个叫官坑的地方，矗立着一块巨石，上小下大，形似佛塔，远看像一个威武的战士守卫着龙羊峡的门户。巨石露出地面部分高约3.8米，底宽4.7米。巨石面向峡口山坡一面的下部，有一大一小两个半椭圆形穴窝，大的穴窝高1.4米，宽1.36米，内径深0.53米。据当地老人们讲，上古洪荒时代，到处洪水泛滥，危害人民，藏传佛教宁玛派祖师莲花生大师为拯救生灵而云游四方。一天，莲花生大师和小侍童来到此处作法，用金刚杵一鼓作气，凿通了龙羊峡，使洪水顺流而下。由于体力消耗大，师徒二人疲惫不堪，就背靠巨石休息，结果背部陷入巨石中，留下这两个穴窝，此后人们就以神石朝拜，并称之为“背靠石”。

拉西瓦峡

拉西瓦峡位于青海省贵德县与贵南县交界的黄河干流上，上距龙羊峡 32.8 公里，下距李家峡 73 公里。“拉西瓦”是藏语，意为渴望阳光的地方，拉西瓦峡因此得名。峡谷长 3000 米，峡口为贵德县拉西瓦镇（原称罗汉堂乡）。峡内河床狭窄，两岸陡壁峙立，高耸入云，势若门户，险为天堑。黄河在峡谷中白浪滔滔，奔腾而下，水流湍急，落差大。

在罗汉堂村附近拉泽口半坡上，面对豆后浪村河滩，矗立着一尊石雕巨蛙，昂然翘首，圆目咧嘴，四肢粗壮有力，鼓腹作鸡叫状。细看又有跃起状，其神态宛如一头兽蹲立在方形的石座上来接受人们的朝拜！石蛙雕于何年何代，出于何人之手？是为辟邪消灾或是祈求风调雨顺？至今没有个确切的说法。而当地居民则说，那是古代先民为阻挡冰雹危害庄稼而立的。青海一位学者曾写诗曰：“造物山间云雾频，倾耳听得泉水鸣。遥想当年蛙崇拜，共话沧桑望太平。”这首诗剖析了古代先民崇拜蛙的历史渊源。

积石峡

积石峡因积石山而闻名于世。传说积石山是用石头堆积起来的一座大石山，它挡住了黄河的流路，大禹治水先从积石峡开始，用神斧劈开了大石山，黄河水从峡口流出，积石峡因大禹“导河积石”而得名。

传说虽无法考证，却演绎出一个河底奇石的传奇故事。有新闻报道称，1986 年 10 月 15 日至 1987 年 2 月 15 日，由于龙羊峡水库下闸蓄水，龙羊峡至刘家峡之间的 335 公里黄河河道内主流断水，黄河露底。积石峡正处于这个河段，河底也露出了原貌。干涸的河床呈现出灰褐色，奇形怪状的巨大河底石，静静地躺卧着，大的如同火车列车的车体，小的如同写字台。细看“河底石”如同长了根似的与河床同石而生，没有一点缝隙，再现了积石峡的本性——石山、石峡、石河底。

公伯峡

公伯峡位于青海省尖扎县和循化县交界处，因黄河上游南岸悬崖处建有一座“拱北”而得名。峡谷长 15 公里，是黄河自尖扎进入循化的必经之地。峡谷两岸，崇山峻岭，高耸入云，陡壁如削，遮天蔽日，形势十分险要。黄河入峡后，因河道狭窄，河中礁石暗伏，滚滚河水咆哮而下。登顶观景，蔚为壮观。

峡谷东部扎马山坡下有一块巨石，形状不规则，上面有脚印，脚印的脚跟、脚趾痕迹都很清楚，没有斧凿之痕，大概是自然生成的，人称“脚印石”。对于此石的来历，民间有两种传说。一说是莲花生大师路过这里时脚踩此石留下的脚印；另一说是英雄格萨尔的坐骑姜果叶娃留下的脚印。不管是哪种传说，当地民众均把“脚印石”视为神物，经常到此石前煨桑膜拜，并在巨石上敬涂酥油，张挂哈达和经幡。

传说给人们留下了深深的思考和难解之谜。一位诗人路过此处看到“脚印石”后赋诗云：“此山不等与天齐，到此一看万象低，往古何人聘赤足，故将片石印如泥。”

八盘峡

位于兰州附近的八盘峡也是因为一个传奇故事而得名。传说当年大禹治水来到金城兰州，放眼西望，看见不远处有一座大山挡住了黄河的流路，水越积越多，附近百姓随时都有被淹没的危险。为了为民除害，大禹从兰州西行登上一座高山四处观察，只见远处是一望无际的滔滔洪流，山下咆哮的黄河水猛烈地撞着山岩。面对此情景，大禹突然想到何不将这座石山劈开一个通道，让黄河水奔流而下。于是他就组织大批劳力开山劈石。大禹举起神斧，猛然向石山砍去，只听轰隆一声巨响，山崩地裂，高山被削成了平地，平地又开出了一条宽阔的河道。大禹又组织人们把崩裂的石头在河床上堆起 8 座小山，黄河水在 8 座小山之间奔腾而下，八盘峡因此得名。

姐妹峡

红山峡和黑山峡是位于甘肃省和宁夏回族自治区之间两个紧密相连的峡谷，人称“姐妹峡”。两峡都是由于峡谷两岸岩石的颜色分别呈暗红色和黑色而得名。峡谷中奇石多且名称古怪，有许多传说轶闻。红山峡位于甘肃省白银市和靖远县之间，峡长 74.1 公里，峡谷中怪石横生，水流湍急，特别是有一块名为“洋人招手”的巨石更是驰名中外。

传说清朝末年，有个来自欧洲的传教士在兰州一带传教，由于他满头黄发，蓝眼睛，高鼻梁，所以当地老百姓就称他为“洋人”。有一天，他由兰州乘羊皮筏从黄河顺流而下去包头，一坐上羊皮筏子就感到害怕，眼睛紧盯着汹涌的黄河水。途经红山峡时，忽见河中有一块大怪石，洋人吓得出了一身冷汗，心想如果筏子碰到这块大怪石上就会筏翻人亡，心里更加紧张。眼看羊皮筏子就要接近大怪石时，他猛站起来，一个后蹬，把羊皮筏子蹬在后面，纵身跳上大怪石。善良的皮筏手试图接近石头救他，却因水流湍急而多次抢救都失败了。洋人站在大怪石上一筹莫展，每当看到从上流漂下来的羊皮筏子，他都招手呼喊求救，都因浪大流急而无法靠近大怪石，洋人无奈被困死在大怪石上，“洋人招手”因此得名。

黑山峡位于甘肃省靖远县和宁夏回族自治区中卫市之间，峡长 81.5 公里。由于峡谷两岸外露的岩石大多呈现黑色，山顶和山腰是黑色的煤系页岩和石灰岩，靠近水面的变质岩经过河水长年累月地冲刷，发出又黑又亮的光泽，特别是太阳照不到的地方显得很阴暗，有些奇石险迹的名字更为有趣，如“老两口”“三兄弟”“七姐妹”等。

传说很久以前，黑山峡附近有一对老夫妻生有三男七女。三个儿子个个生龙活虎，七个女儿人人心灵手巧。一天，皇上下令，要为太子选妃，当地有一位官员大喜，认为升官发财的机会来了，就派人四处察访挑选美女。他们来到老两口居住的河边村，见老两口的七个女儿个个长得都很漂亮，就要把她们带走，于是就趁七姐妹在河边洗衣之际，强行将七姐妹拉上官船。老两口听到姑娘们的惊叫声后，急忙赶到河边，纵身跳入黄河，变成两块礁石，拦住了官船。官船在“老两口”身上擦了一下，来了个急转舵，又向前驶去。三兄弟听到父母和姊妹的哭叫声后，也急忙赶到河边，见姊妹被抢到船上，父母已跳河，于是三人也跳入黄河，化作三个暗礁，阻挡官船。官船又一个急转弯，从“三兄弟”身边绕了过去。七姊妹看到父母和三兄弟为她们都跳河了仍然未能救出自己，就手拉手一齐跳入黄河，于是河中又出现了七个暗礁。官船左转右转，怎么也绕不过这七个暗礁，只听“咔嚓”一声，船毁人亡。

三门峡

三门峡是黄河进入平原以前最后一段峡谷中最险要的一座山峡。这里地势险峻，水流湍急，两岸石壁陡峭，河中两座石岛把急流分为三股。人们把这三股水路分别叫作“人门”“神门”“鬼门”。

相传三门峡是大禹用神斧劈开的，大禹用开山斧“啪、啪、啪”三斧子，把大山劈为三个豁口，水分为三股向下流去。三个豁口把大山分成了四座石岛：和南岸相连的一座半岛，临水的一端，像一只张着嘴的狮子，大家就叫它“狮子头”；中间两座石岛分别叫“鬼门岛”和“神门岛”；和北岸相连的半岛叫“人门岛”。大禹开完三门，又抡起斧子，开出一座砥柱岛，用它来定波镇澜。后来人们把这个地方叫作“三门峡”。悬崖上刻有“峭壁雄流，鬼斧神工”八个大字，歌颂大禹的功德。

其实三门峡的石岛原是一块横在河上的整体岩盘，长年累月被洪水冲出缺口而形成。据地质学家考证，大约在距今一亿八千万年至六千万年之间的中生代时期，地壳变动，一股火热的岩浆从深处冒升上来，侵入到已经沉积好的岩层中间。岩浆逐渐冷却，形成一块巨大的岩盘，最厚的地方有130米，这就是地质学上所称的闪长玢岩，但是当时这块巨大的岩盘还在地下。后来这里地面沉降，成为一个又大又深的海盆地，经过几千万年，盆地内沉积了深厚的第三纪岩石。一直到大约100万年以前，地表又上升了，河流开始发育，并向下侵蚀，冲走了覆盖在闪长玢岩上几百米厚的岩石，闪长玢岩才裸露出来。凶猛的黄河与闪长玢岩继续搏斗着，黄河竭力冲刷和扩大岩石的裂隙和破碎带，终于冲开口子，形成三股水道，闪长玢岩也顽强地抵抗着，于是就留下了一个个石岛，这才是三门峡的真正来历。至今仍然屹立在三门峡大坝下游激流中的砥柱石就是历史的见证。

砥柱石在冬秋水浅时露出水面约7米，洪水季节大部分被淹没水中，仅露出一个小尖顶。千百年来，无论是狂风暴雨的袭击，还是惊涛骇浪的冲刷，它依然屹立在黄河之中，刚强无畏，自古以来人们就把它喻为中华民族坚强不屈精神的象征。唐太宗李世民在砥柱石上题书："仰临砥柱，北望龙门，茫茫禹迹，浩浩长春。"

跳进黄河洗不清

黄河出宁夏青铜峡，在吴忠一带受六盘山和鄂尔多斯高原阻挡，向北穿行于贺兰山和桌子山之间的银川盆地，接着又受阴山拦截，折向东流经内蒙古呼包平原，到托克托县的河口镇，结束了上游的流程。在托克托县以下，因受南北走向的吕梁山阻拦，又掉头南下，进入黄土高原水土流失最严重的地区——晋陕峡谷。

沿着晋陕峡谷下行，只见河谷下部裸露着灰色的石灰岩，高处覆盖着金色的黄土。两岸黄土山上一条条沟壑，像“脸上”布满了一道道泪痕，含怨怒视着黄河带走了“身上”的泥土。来自右岸的窟野河、无定河、延水、北洛河、泾河、渭河和来自左岸的红河、汾河等上百条支流，孩子般地跳跃着投入黄河的怀抱。浑浊的河水，掀起层层泥浪，奔腾而下。

黄河为什么在这里变得如此浑浊？这是由于这一带汇入了许多含泥沙多的支流的缘故。科学观测数据说明，在兰州市，黄河每立方米水中的含沙量仅 3 公斤[①]，河水基本上是清的。到了内蒙古自治区的托克托县，黄河水的颜色虽然呈黄色，但每

① 1 公斤＝1 千克，全书同。

立方米水中的含沙量只有6公斤。当黄河由托克托县南下后，先后有窟野河、无定河等多沙支流汇入，到了陕西省韩城市和山西省河津市之间的龙门，每立方米水中的含沙量则增加到28公斤。龙门以下，由于又增加了泾河、洛河、渭河、汾河等多沙支流，到三门峡，每立方米水中的含沙量猛增到37公斤，洪水期最高含沙量达630公斤。黄河年均挟带到下游的16亿多吨泥沙，90%来自这一段的多沙支流。

为什么这一段的支流含沙量这么大？那是因为这些支流都来自泥沙的“老窝”——黄土高原。黄土高原，西起日月山，东到太行山，南至秦岭，北抵阴山，面积有64万平方公里，其中水土流失面积就有45.5万平方公里。严重的水土流失，把黄土高原侵蚀、切割得支离破碎，沟壑纵横，仅1公里以上的沟道就有30万条。千沟万壑和成百上千条支流，组成了一支庞大的输送洪水泥沙的“运输队”，每年把16亿多吨泥沙送进黄河。如果把这些泥沙铺成1米宽、1米高的土堤，可以绕地球赤道27圈。黄河含泥沙量之多，确实惊人。“一石河水六斗泥”“跳进黄河洗不清”，这些生动的比喻，都是用来形容黄河含泥沙多的特点的。

“疲秦”之计郑国渠

黄河中游的关中平原，气候温和，渠道纵横，沃野千里，号称八百里秦川，是陕西省的粮仓。

八百里秦川之所以成为著名的富庶之地，还有黄河的主要支流渭河、泾河、北洛河的一份功劳呢！因为这几条河上古代都兴修过一些水利工程，发展了灌溉事业。特别是两千多年前兴建的引泾工程——郑国渠，更为这一带农业生产的发展立下了汗马功劳。这个工程不仅是中国古代水利史上的一个伟大创举，而且还有一个很有趣的历史故事。

战国时期的韩国（位于今河南省中部地区）比较弱小，一直担心受秦国之扰，于是就有人想个点子让秦国兴修水利，大量耗费人力、财力，使其无力向外扩张。

韩国有个名叫郑国的水工（相当于如今的水利工程技术人员），接受了这项使命，被派到秦国去游说。他到秦国之后，见了秦王嬴政，建议秦国从泾河的中山（现泾阳县西北60里处），开凿渠道，让泾河沿北山向东流，注入洛河。

郑国的这个建议，很符合当时秦国经济建设的需要，于是秦王下令立即动工兴建。正当工程紧张进行的时候，秦国突然发现郑国是韩国派来的间谍，此建议是“疲秦”之计的大阴谋。

于是，秦王大怒，要杀掉郑国。郑国是个既精通水利技术又卓有远见的人，他毫不畏惧地对秦王说："虽然我当初是受韩国派遣来秦国行计的，但这条渠道修成之后，只能为韩延数岁之命，却能为秦建万世之功。"

秦王觉得郑国说得很有道理，就决定不杀他了，并且委以重任，让他继续负责兴建此项工程。在郑国的指导、带领下，秦人经过 10 年的辛勤劳动，渠道终于建成，并以郑国的名字命名为"郑国渠"。

郑国渠引泾水东注洛河，干渠东西长 150 多千米，流经今泾阳、三原、高陵、富平、蒲城、白水等县，灌溉面积达 280 万亩。开渠之前，这里是一片"卤硗"之地，"不可以稼"。开渠引灌之后，泾水含有大量有机质泥沙，能增加土地肥力，使原来贫瘠的渭北平原一变而为"无凶年"的沃野，亩产达一钟（相当于现在亩产 250 斤[①]）。郑国渠建成后，有力地促进了当地农业的发展，增加了秦国的实力，使其最终完成了统一中国的大业。

① 1 斤＝500 克，全书同。

壶口览胜

壶口瀑布是中国第二大瀑布，也是黄河上最大的瀑布，位于山西省吉县和陕西省宜川县之间的黄河中。滔滔黄河水由17米的高处跌入30～50米的深槽里，激流澎湃，水花飞溅，水声震天，好像一把特大的茶壶向外倒水，壶口瀑布因此得名。

千百年来，壶口瀑布不仅以壮丽的自然景观成为驰名中外的名胜之地，而且以险要的地势留下了一处处商贸遗迹、战争遗迹和文化遗存。让我们走近黄河壶口瀑布，饱览祖国的大好河山，寻古览胜，陶冶情操。

大自然的杰作：十里龙槽　水里冒烟

走进壶口瀑布景区，首先映入眼帘的是十里龙槽和水里冒烟，眼望从那又窄又深的河槽中飞流直下的水流，让人眼花缭乱，这是构成瀑布的两大硬件，也是最亮、最美的景观。传说壶口瀑布早年的位置在下游5公里处的孟门，孟门河水中的两块巨石原是上古时代鲧治水时，从天帝那里盗来的一块用来堵塞洪水的息壤，后来大禹治水时，用疏导的方法凿石引流，把这块息壤一劈为二，使两块巨石俯卧河中，河水从中穿过。史书记载说：“龙门未辟，吕梁未凿，河出孟门之上，大溢逆流，无有丘陵、高阜灭之，名曰洪水。大禹疏通，谓之孟门。”传说和史书的记载，只不过是一种美好的想象，而孟门、壶口的形成及位移的真正缘由要从科学的角度来解读。

十里龙槽（殷鹤仙 摄影）

地质专家通过对本地区地貌发育史的研究考证后认为，贯穿晋陕峡谷有许多断层，成为地质构造带，黄河流过这里，往往形成河床陡坎，以跌水或瀑布形式出现，被称为地貌学上的“裂点”。由于溯源侵蚀，裂点不断沿河上移，如今这段河段的裂点已上移到壶口，孟门便是较近地质时期裂点后退和河流下切时遗留在河床上的两个石岛。龙槽也是河流下切和位移的产物，是黄河河床中的河床，其上方最窄处约40米，水平最窄处20米，陡峭的石岸距水面约30米，槽中水深6米左右。从孟门到壶口长达5公里这段又窄又深的河槽，如同长龙俯卧，所以当地群众称之为“十里龙槽”。

“水底冒烟”主要是形容壶口瀑布的神奇景象。壶口瀑布飞流直下数十米，波涛翻滚，水花飞溅，声若雷鸣，雾气高悬，数里之外都能隐约听见。特别是春夏之际，在阳光照射下，壶口上空便出现一条鲜艳的彩虹，光彩夺目。对这种奇特的景象，治黄专家解析说，冬季，上游积雪不消，地表来水减少，壶口黄河水流量较小（一般为两三百立方米每秒），瀑布落差虽高，但激浪不大，飞出槽面的雾气很小；夏季河水流量增大（一般为两三千立方米每秒），龙槽水面升高，落差小，也掀不起雾气，形不成彩虹；唯有春、秋两季河水流量适中（一般在 800 ～ 1500 立方米每秒），瀑布落差在 30 米以上，急流飞泻，吞云吐雾，如同万马奔腾，“满天风雨起神鲸”，“水底冒烟”由此得名。

商贸遗迹：旱地行船　水运码头

壶口瀑布以壮丽的景观展现在世人面前，身临其境，心潮澎湃，身心愉悦，心灵受到净化，深深感受到母亲河的伟大。每当看到那些商贸遗迹，则联想到壶口因其自然特点而给古代水运带来的困扰，深深为历代黄河船工为此而付出的艰辛劳动而感叹。“旱地行船”就是历史的见证。

在壶口东岸乱石滚滚的河床上，隐约可见一条“便道”，是专门供水运船只走的“旱路”。这是怎么回事？原来由于壶口瀑布是飞流直泻的“悬瀑”，历代水运经过这里的船只，都要在瀑布上游停船卸货，在船上拴紧绳索，用人力将船从河中拉上岸，再从“旱路”拉船绕过瀑布后重新下水，将货物装到船上，继续水中行舟。人们将这段笨拙的人力拉船称之为“旱地行船”。据说，历代特别是明、清两代，壶口一带黄河船运十分繁忙，最多时曾停泊过数千只船，有几百人专作“旱地行船”的拉船工。

由于壶口一带的黄河航运十分繁荣，所以明代初期就在龙王辿兴建了码头，清代最繁荣，抗日战争时期日渐衰落，前后经历400余年。建了码头，就要有相应的搬运组织机构，“六股头”应运而生。据当地老人讲，“六股头”由附近的六个大村参股，每村一股，各选一个股头，负责管理本股。“六股头”的组织很严密，有细则和协议。对在码头停靠的船只，7只船编为一组，叫“一弋”，按“弋”搬运，每个成员村股每次搬运完“一弋”后交下一个成员村股搬运，违者重罚。“旱地行船”时期，搬运生意十分红火。据说，一般大船可装货约9000千克（60石），小船可装货约6000千克（40石）。一条船的装卸费为白银6两左右，一个人每天可收入约400文（可购小麦约30千克），年收入白银50两（可购小麦1.5万千克）。正常年份路经龙王辿码头的船约5000只，所以搬运收入可观。有人曾粗略计算，码头搬运年收入约白银2700两。当地依靠黄河航运收益的有800余户3000余人，每户平均年收入约白银33两，人均收入白银9两（可购小麦2700千克）。搬运拉船为当地百姓拓展了财路。

旱地行船和龙王辿码头，为促进当地经济和商贸发展作出了巨大的贡献。“六股头”为调度搬运立下了汗马功劳，当地村民现在提起“六股头”依然赞不绝口，称之为黄河航运史上最早的“股份制”组织。

战争遗迹：长城　兵桥

由于壶口地势险要，龙槽狭窄，便于架桥运兵，易守难攻，自古以来就是兵家的必争之地，长城和兵桥遗址就是历史的见证。

位于山西一侧山脚下，有古长城遗址约 2 公里长，据说是清政府为阻止捻军起义军而修建的。古长城西临黄河，东依崇山峻岭，修筑在崖边山崖上。

清代长城城墙前有护沟，墙顶宽 2 ～ 3 米，外高内低，外侧筑 1 米低墙，设瞭望孔和射孔，方形炮台凸出墙外，其射孔直对码头。兵营与城墙间有石阶曲道相通。大道口筑城门。河岸处若是悬崖峭壁，则不筑城，只建兵营。在河湾曲岸的制高点筑有烽火台。墙的高低依势而定，高则 10 余米，低则 2 米左右。时至今日，遗留的长城、炮台等遗址仍很明显，特别是龙王山下的河清门、柏坡、城堡等段落的奇特的结构、布局，为研究长城的学者提供了新的史料，同时也推翻了长城建筑朝代截至明代的原有结论，将我国长城的修筑史下限向后推移了 300 多年。

据专家考证，由于壶口地势险要，历代曾多次在这里修过“兵桥”，运兵打仗，为战争服务。

清光绪五年编修的《吉县全志》记载：“州西七十里，壶口石峡上，元末，于石崖凿孔树桩，往返缠以铁索，加上桥板，以渡大兵，今废。”

抗日战争时期太原失守后，阎锡山率领的国民政府第二战区司令长官部和山西省政府曾撤退到吉县南村坡。南村坡就位于距壶口 5 公里的山坳里。阎锡山为防止日军进攻便于撤退西渡陕西，1939 年便在壶口龙槽石峡元朝军队架设的铁桥旧址上，加深桩窝并以四根钢丝绳为主缆，架上桥板，搭建起了一座长 60 余米、宽 4 米的铁索桥，称之为“兵桥”，当地人因没有见过这种桥，就叫它为“洋桥”。

由于阎锡山十分迷信，所以很讨厌南村坡这个村名，认为“南村”二字的谐音就是“难存”，对他的生存不吉利，所以就将南村坡的村名改为克难村。

1945 年，日军投降后，阎锡山又返回太原，其属下竟有不少人认为正是改名“克难村”帮他们渡过了难关，重返老巢，这真是天大的笑话。“兵桥”便留作晋陕之间的军用设施。解放战争时期被炸毁。

南村坡处在一个南北宽 0.5 公里、东西长 1 公里、三面临河、一面通高原的葫芦状独立山梁上。村内筑有二战区司令长官阎锡山、二战区副司令长官杨爱源、山西省政府主席赵戴文的公馆及军政委员办公处所 35 处，还有学校、医院、报社、发电厂等设施多处。建筑物大都用方石和砖块砌成。村内外各制高点筑有明雕暗堡，地道相互贯通，村外沟坎上蜂窝似的窑洞全是国民党军队的营房。抗日战争时期，八路军总司令朱德曾两次到克难村劝说阎锡山联共抗日。现在这些旧建筑大都尚存。

文化遗存：诗文画卷

壶口瀑布是黄河上的一大胜景，其磅礴的气势代表了中华民族勇往直前的精神，引来历代文人墨客到此游览抒怀，留下了许多不朽之作。

“崩浪万寻，悬流千丈，浑洪赑怒，鼓若山腾”，是北魏郦道元描述壶口瀑布的著名诗作。

“渴马奔泉近，山雷振谷声。入中不见出，忽有云烟生”，清代文人刘龙光的《壶口吟》，对黄河壶口的胜景作了生动的描述，给人以深刻的启示。

“源出昆仑衍大流，玉关九转一壶收”“南接龙门千古气，北牵壶口一线天”“四时雾雨迷壶口，两岸波涛撼孟门”，古代这些描述壶口的诗句，都成为流传千古的佳作。

特别令人瞩目的是，在抗日战争的危难关头，革命诗人光未然深入壶口腹地，受到黄河宏伟气势的感染与启迪，写出了知名的《黄河大合唱》，唱出了中国人民的心声，鼓舞全国军民团结奋起抗击日本侵略者。

不论是古代还是当代，都有一批批文人墨客游览壶口，挥毫泼墨，写下了赞美壶口瀑布、颂扬黄河的优美散文和美术作品，鼓舞人们关注黄河、热爱黄河、治理开发黄河。

翻开新中国水电建设史，没有哪个工程像三门峡水利枢纽这样，从工程设计到建设，从运行到管理，历经曲曲折折、坎坎坷坷、风风雨雨，不时成为全国水利界乃至全社会关注的焦点。直到今天，三门峡依然是一个被世人瞩目、备受争议与质疑的工程。

栉风沐雨三门峡

三门峡水利枢纽工程全貌（殷鹤仙　摄影）

对于20世纪五六十年代的人来说，三门峡曾经是一个多么辉煌、多么令人热血澎湃的名字啊，它开启了新中国治理大江大河的梦想，是中国水利建设史上的一座丰碑。

承载民族梦想的三门峡

黄河，中华民族的母亲河，从巴颜喀拉山北麓奔腾而下，飞泻千里，蜿蜒东行，由于在穿越黄土高原时裹挟大量的泥沙，致使下游逐步形成了“三年两决口，百年一改道”的地上悬河，黄河又成为中华民族的“心腹之患”。

“黄河宁，天下平”是中华民族的梦想。新中国成立后，黄河的治理与开发掀开了新的一页，解决黄河下游严重的洪水灾害问题，是治理黄河的一项迫切任务。

1952 年 10 月，毛泽东主席第一次离京出巡就来到黄河，先到兰封（今兰考）著名的黄河险工东坝头（清咸丰五年黄河决口改道的地方）。后来，毛主席又视察了开封柳园口、郑州邙山黄河及人民胜利渠渠首闸，并发出了“要把黄河的事情办好”的伟大号召。说过“一定要把淮河修好”“一定要根治海河”的毛主席，面对黄河出言谨慎，没有用“根治”“征服”“一定”之类铿锵果决的字眼。一生天不怕、地不怕，做过惊天动地大事、说过气吞山河豪言的毛主席，对黄河却充满了敬畏。

1955 年 7 月，第一届全国人民代表大会第二次会议在北京召开，邓子恢副总理作了《关于根治黄河水害和开发黄河水利的综合规划的报告》，报告中指出：黄河干流阶段梯级开发计划选定在陕县三门峡修建一座最大和最重要的防洪、发电、灌溉的综合性工程；三门峡工程对防止黄河下游洪水灾害有决定性的作用；在三门峡水库建成以后，就可以看到黄河下游的河水基本变清。我们在座的各位代表和全国人民，不要多久就可以在黄河下游看到几千年来人民所梦想的那一天——看到“黄河清”！报告中还引用了一代文豪郭沫若早年在《洪水时代》中“我若不把洪水治平，我怎奈天下的苍生”的诗句，表达了国家对治理黄河的决心。气贯山河的报告使1000多位人大代表沉浸在振奋之中，为母亲河的美好前景欢欣鼓舞，第一届全国人民代表大会第二次会议一致通过了“黄河宣言”，这是中国唯一一部经国家最高权力机关审议通过的大江大河流域规划。三门峡这样一座承载着国人愿黄河安澜千年梦想的伟大工程横空出世！

三门峡大坝位于黄河中游下段的干流上，连接豫晋两省。它北邻山西省，西邻陕西省，被人们称为豫西“金三角”。三门峡谷壁立千仞，水深流急，河中石岛屹立，将河水分成神门、鬼门、人门三股洪流，“三门峡”由此得名。在三门峡大坝下方的激流之中，有一高出水面20多米的砥柱石，挺立于黄河惊涛骇浪之中。千百年来，任凭狂涛恶浪日夜冲击，任凭风雷雨电无情劈打，它不屈不挠、岿然不动，“中流砥柱”由此而来。它是祖国山河的骄傲，是中华民族的象征。

黄河治理开发规划通过后，黄河的治理开发迅疾展开。1957年4月13日，黄河三门峡水利枢纽工程开工，隆隆的爆破声吹响了建设万里黄河第一坝的“号角”。4月14日，《人民日报》刊发了重要社论，三门峡工程引起举国关注。来自全国四面八方的成千上万名水电工程建设者投身到这一国家重点项目建设中来，至此拉开了新中国治理黄河的序幕。

三门峡水利枢纽是一项艰巨浩大的工程，建设过程中得到了党和国家领导人的巨大关怀。众多党和国家领导人曾先后视察工程建设，周恩来总理曾三次亲临三门峡水利枢纽工程现场，亲自主持解决了工程建设中的许多重大问题。

在全国人民的大力支持下，三门峡水利枢纽工程施工进度很快。1958 年 3 月开始浇筑混凝土，同年 11 月截流，1960 年 9 月开始蓄水运用，工期较原计划提前了一年。险峻的鬼门、神门和人门三岛被荡平了，代之而起的是一座最大坝高 106 米、坝顶长 713 米的巍峨大坝，中流砥柱仍屹立在河中。凶猛的黄河被制服了，往日的狂澜化作一泓宁静的平湖，浑黄的浊浪变成碧蓝的清流。面对巍然耸立的万里黄河第一坝，诗人贺敬之激情难抑，挥毫写下“责令李白改诗句，黄河之水手中来”等脍炙人口的诗句。

风雨摇曳中崛起的三门峡水利枢纽工程

三门峡水利枢纽是黄河干流上兴建的第一座高坝大库，被称作“万里黄河第一坝”，但从一开始，工程的规划、设计就争论不休。新中国成立初期即开始制订黄河综合治理的规划，并聘请苏联专家组帮助工作。根据多年的查勘、研究，专家们认为在潼关至孟津河段，修建大水库蓄洪拦沙是最好的方案。在潼关至孟津 280 多公里的河段，三门峡大坝地理位置优越，此工程能控制 92%的黄河流域面积，尤其是三门峡水库能控制黄河北干流和泾、渭、汾两个洪水来源区，对削减黄河下游洪水十分有利。同时还可以取得发电、灌溉、供水等巨大综合效益，这是其他任何坝址都不能代替的。

三门峡水库下闸蓄水后，开始拦洪运用，正常情况下，一项水利工程兴建到这一阶段，基本已接近尾声，但对三门峡工程来说，却是风雨曲折历程的开端。

由于缺乏实践经验，对泥沙淤积估计不足，三门峡水利枢纽工程自1960年基本建成蓄水运用后，库区出现泥沙严重淤积，而且淤积部位迅速向渭河发展，威胁到了关中平原的农业生产和西安市的安全，水库面临报废的危险。

三门峡水库问题出现之后，一时议论纷纷，争议四起。有的建议对三门峡工程进行改建，尽快增设泄洪排沙设施，减轻库区淤积；有的看不到问题的严重性，主张维持现状；有的认为黄河千古难治，三门峡工程患的是不治之症，消极悲观；还有的持全盘否定态度，力主要炸掉三门峡大坝，进行人工改道。

针对库区严重淤积问题和各方不同意见，为了确保下游地区的生产生活安全，1964年12月5日至18日，周恩来总理亲自主持召开治黄会议，请专家“会诊”，让持不同意见的人各抒己见。经过反复讨论，最后大家统一了意见，决定对三门峡工程“动手术”进行改建。改建的目的是加大泄流排沙能力，改变水库运用方式，由“蓄水拦沙”改为“滞洪排沙”，使水库在较长时间内保持一定库容，发挥以防洪为主的综合效益。1965年和1970年先后两次对工程进行了改建，改建工程包括：在大坝左岸打两条泄流排沙隧洞和把发电厂房左侧4条发电引水钢管改为泄流排沙钢管；打开大坝施工导流时用的8个底孔泄流排沙（2002年将12个导流底孔全部打开），把另4条发电引水钢管和一条改建过的泄流排沙钢管降低13米，把蓄水发电改为径流发电。

经过两次改建后，从 1973 年 11 月改为“蓄清排浑”运用，即汛期泄流排沙，汛后蓄水，变水沙不平衡为水沙相适应，基本实现了冲淤平衡，泥沙淤积得到控制，达到了预期目的。当黄河洪水超过下游河道排洪能力时，可以关闭闸门；出现凌汛时，可控制水量，保证下游安全；同时，为下游春灌提供水源。

在当时中苏关系破裂，苏联单方面撤走在华全部专家的情况下，面对重重困难，依靠我们自己的力量，三门峡工程改建获得成功，体现了中国劳动人民的智慧。

黄河是一条复杂难治的河流，三门峡工程作为根治黄河的尝试，经历了由实践到认识、再实践再认识的曲折过程，有经验、有失误、有教训，但不能全盘否定三门峡工程。三门峡水利枢纽工程是治理开发黄河的一次重大实践，为在多泥沙河流上修建水库积累了宝贵的经验。正是由于三门峡工程的失误，迫使我国水利工作者不得不对高含沙河流的水库运行方式进行更深入的研究、探索，摸索出一套适应高含沙河流的水库“蓄清排浑”调水调沙的运行方式，即非汛期拦蓄含沙量较少的“清”水，汛期开启闸门，排泄含沙量多的“浑”水，使 335 米高程以下库容长期保持在 60 亿立方米左右。这种运用方式为黄河，也为世界其他高含沙河流的大坝建设提供了宝贵的经验，它为此后解决小浪底水利枢纽建设的水库泥沙淤积问题，奠定了重要的理论基础；同时也锻炼出一批水电建设人才，为新中国积累了丰富的水利水电施工经验，在我国现代水利建设史上谱写了光辉的一页。

经过曲折的发展历程，三门峡水利枢纽成为黄河下游防洪工程体系的重要组成部分，对控制三门峡以上大洪水所发挥的作用是其他防洪工程难以取代的。它对三门峡以下洪水虽然不能完全控制，但与小浪底、陆浑、故县水库，以及东平湖滞洪水库等联合运用后，可以大大减轻下游防洪的压力。利用三门峡水库调节下游河道水量，已成为黄河下游防凌的重要措施。现在的三门峡水库，在防洪、防凌、灌溉、供水和发电中，发挥了显著的综合效益。

我曾经感叹，在大自然面前，人是多么渺小，多么无能为力。而当我面对风风雨雨中艰难走过了半个多世纪依然傲然挺立的三门峡水利枢纽工程；当我从坝顶乘电梯下来，走进位于坝底的发电厂房，面对巨大的发电机组；当我登上张公岛看到从排沙洞喷涌而出的犹如千狮怒吼的洪流；当我听着震耳欲聋的阵阵吼声，不由得发出喟叹：人类同样是伟大的，三门峡水利枢纽工程体现了黄河人百折不挠、勇往直前的黄河精神，谁能说三门峡水利枢纽工程不是一座新的中流砥柱呢？

黄河大堤历史悠久，修筑考究，管理规范，作用极大，既是黄河下游防御洪水的坚固屏障，又有深厚的文化内涵，是水文化和黄河文化的重要组成部分。因此，研究探索黄河大堤文化具有十分重要的现实主义和深远的历史意义。

黄河大堤探源

黄河下游北岸起自河南省的孟州市南曹坡，南岸起自郑州市保合寨，直至入海口都修筑有黄河防洪大堤。黄河在西起郑州、北至天津、南抵淮河口面积达25万平方公里的黄淮海大平原上，时而北流入渤海，时而南流夺淮入黄海，到处留下了它变迁的痕迹，黄河大堤就是最有力的历史见证。

一、水来土挡——黄河大堤的起源

数千年前的原始氏族社会，传说共工、鲧、禹都同黄河洪水进行过顽强的斗争，其中大禹最为有名，他“三过家门而不入”的治水精神世代相传，成为远古人民征服洪水的象征。

原始社会蒙昧时期，由于处于游荡的渔猎生活时代，洪水一来，人们“择丘陵而处之”。到了神农氏时代，氏族部落开始定居，人们“依水而居”，为了保卫生命财产安全，开始同洪水斗争，代表人物就是共工。共工是人名，也是个氏族名，传说共工是神农氏的后裔，居住在黄河沿岸，一到洪水季节，河水泛滥，共工就带领人们把高处的泥土、石块搬下来，在离河一定的距离修筑简单的土石堤埂抵挡洪水的侵犯，这便是“水来土掩”的由来。

传说在尧帝时期，也经常发生洪水，为了制止洪水泛滥，保护农业生产，尧曾召集部落首领，征召治水能手平息洪水，大家便推选鲧负责治水，鲧仍沿用共工“水来土掩”的老办法，被称为“鲧障洪水”，即用土打堤埂把居住区和耕地围护起来，用这种办法，很难保护居民的安全和生产，鲧终因治水失败而受到惩处。

舜继尧位后，又任用鲧的儿子禹主持治水，禹在共工和鲧治水经验教训的基础上改革治水方法，采用“疏导”的方法，即利用水自高处向低处流的自然趋势，顺地势把壅高的水道疏通，把洪水引入已疏通的河道、洼地或湖泊，用这种革新的治水方法，他终于平治了洪水，成为治水英雄。禹治水的这条河道当今被称为“禹河故道”，禹河故道两岸修筑的大堤，也就成为年限最长的黄河大堤，是黄河大堤文化之祖。

春秋时期，黄河下游两侧开始出现人工堤防。这种堤防可以防止洪水任意泛滥，保护田地和村舍，为人类争得更多的生产和生活空间。战国时期，黄河下游普遍修筑大堤，但由于缺乏统一协调和规划，相邻各国大都以邻为壑，利用堤防把洪水逼往邻国，为黄河治理带来了许多问题。北宋时期，已经形成了以正堤、缕堤、遥堤、月堤等多种堤构成的堤防系统。到了明代，治河名臣潘季驯提出“束水攻沙”的理论，把堤防作为“束水”的手段，强调“治河必须坚筑堤防”。于是他将宋代的堤防系统按照自己的治河理论重新进行改造，设计出一套包括缕堤、遥堤、月堤、格堤在内的堤防体系，从郑州到入海口，建成了千里黄河大堤，形成了一个完整的堤防体系，这就是黄河夺淮入海时期的“明清黄河故道”。现行的黄河下游黄河大堤是1855年铜瓦厢改道黄河夺大清河入海后修筑的新堤，修筑于清咸丰七年至光绪十年，即1857年至1884年。

二、堤防修筑——黄河大堤文化的精髓

一位建议黄河大堤申报世界文化遗产的学者说，千里黄河大堤是防御黄河洪水的屏障，是坚不可摧的“水上长城”，它同万里长城一样，是中国古建筑文化的杰作。历代修筑黄河大堤，从堤防布局、修筑季节、物料选择到施工技术与管理，均彰显出古代劳动人民的智慧结晶。

从堤防布局来讲，明代潘季驯创造性地运用缕堤、遥堤、格堤、月堤四种堤，因地制宜地在黄河两岸周密布置，配合运用，成效显著。缕堤是沿着河滨延伸最内侧的河堤，堤距较窄，紧贴河水，使水流在固定的河床中奔流。由于缕堤之间过水空间狭小，洪水期间容纳不下滔滔洪流，便在缕堤之外两三里处再修一堤，称之为遥堤，以阻挡从缕堤漫溢或溃决出来的水流。在缕堤的薄弱地段或险工地段的外侧，又修建一弧形的护堤，保护缕堤，称之为月堤。在缕堤与遥堤之间再建一横堤，称之

为格堤，它将缕堤与遥堤之间的空间分成一个个格子，让漫溢出来的洪水流入其中，待泥沙沉淀后，再回流到河槽内，起到淤滩固堤的作用，而不致冲毁遥堤。格堤科技含量极高，是治理高含沙河流的一种重要措施。现今黄河下游引黄放淤固堤就是对格堤修筑技术的传承和发展。

我国古代人民在长期治河实践中积累了许多宝贵的经验，黄河堤防就是我国古代人民长期治河实践的结晶。金元时期，为保证堤防工程质量，对修筑土质的鉴别与选择十分重视，根据土壤和土色的区别，把河畔土壤分为胶土、花淤、沫淤、黄沙、细沙等 20 余种不同的土质，确认花淤（沙淤相间的土质）及沫淤（风化的淤土）最适合于修堤，沙土不宜用作修堤。明清时期，修堤技术均有创新和发展，特别是清代，对堤线的选定、取土地点、施工时间、运输工具及施工质量均有明确规定，特别提出了“五宜二忌”的具体要求。“五宜”：一是勘测规划设计宜审时度势，堤线应选在高处，不可太直，不与河争地；二是取土宜远，应离堤脚二十丈[①]以上；三是坯头宜薄，坯头薄了易于硪实；四是硪工宜密，行硪时土质不能过干也不能过湿，要连环套打；五是验收宜严，行硪后，以铁锥穿孔、灌水，若很少渗漏，才算合格。“二忌”：一忌隆冬施工；二忌盛夏施工。春秋两季是修堤最好的季节。

历代对黄河大堤的养护管理大都比较重视，专设机构，立规建章，官民结合精心管护。明代治河专家潘季驯说：“河防

① 1 丈＝$3\frac{1}{3}$米，全书同。

在堤，堤防在人，有堤不守，守堤无人，与无堤同矣！”因此，明代曾制定了“四防二守”的制度。“四防”是：防风、防雨、昼防、夜防，汛期大水时，昼夜防护，风雨无阻。“二守”是：官守、民守。官守即沿河设有专门管理机构，河兵分段守护。民守即组织沿河民众也分段上堤守护，并严格遵守“白天出险挂黄旗，夜间出险挂灯笼”的报警信号，一处有险，相互传递。与今日黄河下游河务部门的专业机构抢险队和当地政府临时组织的群众防汛队伍十分相似。

三、标准化大堤——黄河大堤的传承与创新

历代黄河大堤的修筑是随着历代王朝的兴衰而时好时坏。随着时间的推移，到民国时期，千里黄河大堤已千疮百孔，破败不堪。1946 年人民治黄就是在这样的基础上开始修复黄河大堤的。地处黄河下游的冀鲁豫和渤海解放区沿河人民，在中国共产党和边区政府的领导下，一手拿枪一手拿锨，开始修复黄河大堤，建立了指挥机构和群众性护堤组织，一面同国民党的破坏行为作斗争，一面抢修大堤，清除堤防隐患，保护大堤安全。新中国成立后，特别是黄河实施统一管理后，根据不同时期的治河任务，先后开展了三次大修堤。从 1950 年至 1957 年开展了历时 8 年的第一次大修堤，从 1962 年至 1965 年历时 4 年开展了第二次大修堤，从 1974 年至 1985 年历时 12 年开展了第三次大修堤。大修堤中，通过废除民埝、开辟滞洪区、加高帮宽大堤、石化险工、放淤固堤、消除隐患等一系列措施，为战胜洪水奠定了物质基础，增强了堤防抗洪能力。

进入21世纪，为了贯彻落实水利部提出的可持续发展的治水新理念和对治理黄河提出的“堤防不决口、河道不断流、水质不超标、河床不抬高”的新要求，按照2002年4月国务院批复的《黄河近期重点治理开发规划》中的要求，在黄河下游全线建成高标准堤防，黄委明确提出黄河标准化堤防建设的思路，即把黄河下游临黄大堤按照标准断面加固，临河侧植防浪林，堤顶构筑柏油路面，淤区顶部种植生态林，使下游堤防具备“防洪保障线、抢险交通线、生态景观线”三种功能，集坚固的“水上长城”、畅通的防洪抢险通道、生态良好的“绿色长廊”于一体的标准化堤防体系。郑州、开封、济南、东明第一期标准化堤防工程先后开工，并于2005年6月相继完成。2006年6月，河南、山东第二期标准化堤防工程又陆续开工建设。

郑州马渡黄河标准化堤防（殷鹤仙　摄影）

黄河标准化大堤还改建和新建了众多人文和自然景观，为大堤锦上添花。黄河标准化大堤的建设，不仅极大地提高了堤防抗洪能力，确保了黄河防洪安全，也体现了传统大堤向现代化大堤迈进的足音，展示了黄河大堤文化的传承、发展和创新。走在宽阔、平坦、坚固、美观的千里黄河大堤上，眼望着那一道道昂首挺立的险工坝垛、一座座面貌一新的引黄涵闸、一个个景色秀丽的国家水利风景区，以及那些为数众多、文化内涵深厚的亭、台、楼、阁、雕塑、纪念碑……让人眼花缭乱，浮想联翩。今日黄河标准化大堤，已经成为展示人民治黄成就的窗口和供人们休闲娱乐的好场所。

济南黄河标准化堤防（殷鹤仙　摄影）

从“旧时王谢”到人民治黄

黄河是一条历史悠久的大河，黄河流域是中华民族的发祥地和文化的摇篮，黄河哺育了两岸肥沃的土地和勤劳智慧的人民，对我国经济社会的发展作出过巨大的贡献。但黄河又是一条桀骜不驯的河流，下游的洪水泛滥，上中游的水土流失，遍及全流域的旱灾，也曾给中国人民带来过深重的灾难。因此，历代都把治河兴邦列入重要议事日程。从传说时代到历代王朝，从近代到当代，治理黄河机构的设置、河官的任免、治河队伍的组建、治河方略的发展演变、中央高层的关注，都令世人瞩目，启迪后人深思。

一、传说时期：大禹治水奏响治河序曲

相传公元前21世纪以前，舜继位，命大禹为司空（当时最高的水官），人们便把这看作是中国设立水行政官员的开始。由于其实施范围主要在黄河流域，所以大禹被视为“首任河官”。

远古蒙昧时期，人们尚无定居，过的是游牧渔猎生活，洪水一来，“择丘陵而处之”。到了神农时代，黄河流域氏族部落进入以农业为主的经济发展阶段，人们开始定居，为了生存，就临水而居。由于洪水危害，为保护生命财产安全，就必须同

洪水作斗争，于是便有了“共工湮水”“鲧障水”“大禹治水”的传说。

共工是人名，也是氏族名。相传共工居住地大约在今天的河南辉县一带，南临黄河，北靠太行山，土地肥沃，水源充足，是个比较理想的宜居之地。但由于处在下游开阔的河滩上，洪水季节，河水泛滥，灾害不断，共工就带领氏族治水，把高处的泥土、石块搬下来，在距河水不远的地方修一些简单的土石堤埂抵挡洪水，被后人称之为“水来土掩”。这种简单的方法很有成效，受到称赞。

传说在舜尧时期，黄河流域亦是经常发生洪水灾害，为了制止洪水侵犯，尧帝曾召集部落首领商讨如何对付洪水，大家就推举鲧负责治水，当时鲧的居住地在今天的嵩山一带。鲧仍然沿用共工的办法用土石修筑堤埂把居住区和田地保护起来，但由于时代变了，形势在发展，出现了新情况、新问题，部落逐渐扩大，生产规模有所发展，受灾范围更大，老办法解决不了新问题，堵不住了，因而治水失败，鲧受到惩罚，被流放处死。

舜继尧位时，又任用鲧的儿子禹治水。禹吸取了父亲鲧用“堵”的方法治水失败的教训，顺应“水往低处流”的规律，改用疏导的策略，因势利导，带领部落民众，携带测量工具，勘测地势，疏通河道，排除积水，使洪水回归河槽，流入大海。经过十多年的艰苦奋战，终于平息了洪患。于是人们纷纷从高处丘陵地带迁居到平原地区。他继续带领人们开凿沟渠，引水灌溉，化害为利，发展农业生产，在黄河两岸平原地带开垦出大量良田，使部落百姓安居乐业，受到了人们的爱戴。

大禹在领导民众长期治水的实践中，不仅摸索出了丰富的治水经验，更难能可贵的是他留下了宝贵的精神财富，他那以身作则、吃苦耐劳、无私无畏的精神，深深地感染、教育、激励着人们，特别是他婚后 4 天就外出治水，13 年三过家门而不入的献身精神被传为佳话，流芳百世。

二、古代：汉、明、清历代治河新突破

历代从中央到地方政府，都曾设置有直管或兼管治水机构和治水官员负责治河事务。据史书记载，历代治河业绩显著的当属汉、明、清 3 个朝代。

1. 汉武帝亲临黄河指挥堵口

在长达四百多年的汉代历史中，黄河流域一直是全国政治、经济、文化中心，治河成就在黄河史上占有十分重要的地位。

据史书记载，汉承秦制，中央治水官员仍设都水长、丞，并在太长、少府、司农、水衡都尉等官职和部门属下均设有都水官。到了汉文帝以后，由于河患加剧，从中央到地方，都十分重视治理黄河。汉成帝四年（前 29 年）任命王延世为河堤使者，从此黄河有了专职河官。

汉武帝（前 156—前 87 年）刘彻，是历代很有作为的一位君主，他 16 岁当皇帝，在位 54 年，其执政期间是我国历史上水利事业发展较快的时期之一，水利建设为经济发展和社会稳定奠定了基础，特别是他深入现场亲自指挥黄河堵口更是被传为佳话。

元光三年（前 132 年），黄河在南岸濮阳瓠子决口，河水

汹涌南流，夺淮河、泗水入海，使梁、楚之地16个郡（今豫东、鲁西南、皖北和苏北一带）受灾。汉武帝立即命大臣汲黯和郑当时主持堵口。由于水势凶猛，决口刚刚堵好又被冲毁。当时汉武帝的舅舅田蚡任丞相，他的封地在黄河北岸，黄河决口南流，对北岸有利，使其避免了水患，因此，他竭力反对堵口，并辩解说“江河之决皆天事，未易以人力为强塞，塞之未必应天……”主张听天由命，顺其自然。汉武帝不了解真相，为其所惑，就没有继续组织堵口，致使黄河泛滥长达20多年。元封二年（前109年），汉武帝登泰山封禅，亲临黄河，看到洪水滔滔，老百姓流离失所，惨不忍睹，他幡然醒悟，决定派汲仁、郑昌征率数万军民堵塞决口。汉武帝亲赴现场指挥堵口，并命令随行官员自将军以下都要亲自参加施工劳动。经过艰苦奋战，终于堵住了决口，制服了洪水，梁楚之地从洪水中被解救出来。为纪念这次规模浩大的堵口工程，汉武帝下令在新修的黄河大堤上修建一座宣房宫，自己又创作了《瓠子歌》二首，记述这次堵口的经过。

随着时间的推移，在治河实践中，人们对黄河的认识不断深化。西汉中后期，探索治河方法的人愈来愈多，特别是汉成帝至王莽时期的数十年间，各种治河思想活跃，出现了许多治河主张，如以冯逡为代表的分疏说，以史孙禁为代表的改道说，以关并为代表的滞洪说，以张戎为代表的以水排沙说，众说纷纭，特别是贾让“治河三策”，对后世影响很大。贾让“治水三策”的上策是“改道”，中策是“分流”，下策是“筑堤”。贾让“治河三策”不仅提出了防御黄河洪水的对策，还提出了放淤、改土、通漕等多方面的措施，所以有专家称其为“中国治河史上第一个除害兴利的规划”，对后世的治河工作产生了深远影响。

2. 明代治河策略的新突破

明代仍以工部掌天下百工政令、治河兼漕运，明初由漕运都督监理河道，永乐年间以工部尚书宋礼治河，成化年间以王恕为总理河道，成为黄河始设总理河道之始。隆庆年间，总理河道又增加提都军务职衔，山东、河南两省巡抚兼理河务，机构愈统一，权力愈集中。

明代与其他朝代相比，其治河的鲜明特点是“保漕运”“护祖陵”。明代永乐年间迁都北京，京杭大运河便成为维持其统治的南北大动脉和生命线，而黄河与漕运又密切相关。因为当时黄河是夺淮流入黄海，黄、运、淮交汇会造成运河淤塞，漕运中断；再者由于明太祖朱元璋祖籍安徽凤阳，黄淮并涨会泛及其祖坟。因此，明代为“保漕运”和“护祖陵”，便广泛寻求治河之策，各种治河主张十分活跃，有分流论、改道论、汰沙澄源论、北堤南分论等多种治河主张，而最为引人注目的则是潘季驯的“以堤束水，以水攻沙”。

潘季驯（1521—1595年），今浙江湖州人，明代著名治河专家，也是明代治河对后世影响最大的人物之一。他于1565—1592年曾4次主持治理黄河10年，治河实践使他逐步磨炼成一位治河专家。他首任河官治河初识了水性，二任河官则已深知堤防的重要性，三任总理河道时便形成了“以河治河，以水攻沙”思想并付诸实施，四任河官时则总结实践经验并升华为独特的治河理论。

黄河是一条多泥沙河流，治理黄河，既要治水，又要治沙，潘季驯把治沙列入治河规划，他反对“分流杀势”，认为“水分则势缓，势缓则沙停，沙停则河塞”。他从黄河水少、沙多的特点出发，提出“筑堤束水，以水攻沙”和“借清刷黄”的理论指导治河，根据溯源冲刷的原理，主张在黄河下游两岸修筑坚固的堤防，不让河水分流，以漕束水，加快流速，把泥沙挟送入海，减缓河床淤积，并阐明了水与沙、合与分、塞与导的辩证关系，使其治河思想由单纯治水到水沙综合治理的历史转变。他的理论和实践在治理黄河的历史上占有重要地位。

3. 清代“文武双轨”治河机构的突破

清代仍沿袭明代治河建制，设置河道总督专管治河，河道总督以下设管河道、厅、汛、堡，由道员、同知、同判、州同、州判、县丞、主簿、巡检分段修守河防，沿河各级地方政府仍有修守职责。

清代河患频繁，康熙执政的前15年，黄河下游几乎年年决溢，康熙皇帝把“削藩、河务、漕运”列为必须过问的三件大事。由于朝廷的重视，清代治河机构在明代体制的基础上有所发展和强化，河官地位和待遇有所提高，河道总督虽隶属工部，但可直接受命于朝廷。

雍正七年（1729年），治河机构有较大变化，分设江南河道总督和河东河道总督。河道总督下设文、武两个机构，文职管河道，设道员，以下由同知、通判担任，再下有州同、州判、县丞、主簿、巡检各官阶；武官负责河防修守，由参将、游击统领各河防营，河防营的长官为守备，下有把总、千总等武官，每营有数百河防兵常年驻守在险工段负责修防。

说起清代治河“武机构”的设置，这还是河道总督靳辅的一大功劳。据史书记载，康熙十六年（1677 年），河道总督靳辅以“河工所用之民各有生业，不能常年责以居工，不如改募河兵，勒以军法，较为着实”为由，奏请皇帝批准，以武装编制在沿河建立了河防营。从此黄河下游又增加了一套武装。统领各河防营者为河标，设参将、游击，每个河防营设守备、协备，再下有千总、把总、外委等武官，每营以河段长短设河兵 500 至 1000 名不等，负责保卫河防、修筑工程、防汛抢险，实际上就如同今天各基层河务局下属的工程队、抢险队。

清代最高治水机构——河道总督府

清代的“文武双轨”机构是历代治河机构设置上的一大突破，从而强化了治河的管理机构，很值得研究借鉴。

三、近代：李仪祉治河“三亮点”

民国初年，全国无统一的治河机构，各省治河受中央主管水利部门和各省政府双重领导，中央统管水利部门，曾先后由内务部、农商部、建设委员会、交通部等有关部委管理。

民国十八年（1929 年），国民政府制定《国民政府黄河水利委员会组织条例》任命冯玉祥为国民政府黄河水利委员会委员长，筹备设立统一的流域治河机构。民国二十年（1931 年），行政院决定将黄河水利事业移交内政部接管，国民政府任命朱庆澜为黄河水利委员会委员长，马福祥、李仪祉为副委员长，因经费无着落，未正式成立。民国二十二年（1933 年），国民政府特派李仪祉为黄河水利委员会委员长，王应榆为副委员长，沈怡、许心武、陈泮岭、李培基为委员，张含英为委员兼秘书长，并以沿河青海、甘肃、宁夏、绥远、山西、陕西、河南、河北、山东 9 省（区）及江苏、安徽两省建设厅长为委员。这是黄河上第一次成立的流域机构。驻址原定于南京，后改设在开封。民国二十六年（1937 年），黄河水利委员会又改属于全国经济委员会管理。

从民国政府设置全流域治河机构、任命知名人士出任河官、治河机构由国民政府部委管理等措施，可以看出其对治河的关注与重视。但由于社会制度和科学技术的限制，黄河治理未能取得大的进展，而知名水利专家李仪祉先生在“全流域统一管理，黄河上、中、下游综合治理，引进西方国家先进水利科学技术”三个重大问题上，作出了巨大的贡献。

李仪祉先生是我国近代水利的开拓者，他于 1933 年任河官后就提出了“全河应有统一的管理，不宜以省（区）割裂”的观点；他悉心研究黄河，提出了黄河上、中、下游综合治理的治河方略；他曾两度出国学习，他是把西方国家水利科学技术引进中国的第一人。他把自己的全部心血都倾注到对黄河的治理中。

李仪祉对黄河的治理进行了深入的研究，他将国外水利知识与我国的治河经验结合起来，融会贯通，提出了黄河上、中、下游全面治理的治河方略，指出对河水要“蓄洪以节其源，减洪以分其流，亦各配定其容量，使上有所蓄，下有所泄，过量之水有所分”，他主张在各支流“建拦洪水库，以调节其水量”，并在“宁夏、绥远、山、陕各省黄河流域及各省内支流广开渠道，振兴水利”，以进一步削减下游洪水。对于下游防洪他认为应该开辟减水河、整治河槽，尽量为洪水筹划出路，让其流路顺畅，安然入海。

在清代以前，黄河防洪只重视下游的河道和堤防，李仪祉提出的上、中、下游全面治理的主张，把在黄河上、中游植树造林减少入黄泥沙作为治黄的主要办法，使我国治黄方略走向了一个新的发展阶段。他不仅推动了治河方略的发展，还促进了西方水利技术在中国的应用。

20 世纪初期，一些西方国家的学者开始注意研究黄河的泥沙问题，诸如美国的费礼门，德国的恩格斯和方修斯，他们通过实地考察，发表了不少著述，各抒己见，其关注的焦点是如何科学地改善河槽，以适应水沙运行规律。他们的学术观点大相径庭，提出的治沙措施各异。李仪祉先生对这场争论的态度是进行模型试验，以科学的态度分析问题。在他的倡导下，德国奥本纳赫水工实验室分别于 1931 年、1932 年、1933 年开展了 3 次大型试验，李仪祉又派中国工程师参与试验。试验分别是缩窄堤距的清水试验和不同堤距的浑水试验等。3 次试验结果，使问题逐渐明朗，取得了科学合理的论据和论证。

四、当代：王化云开创了人民治河新篇章

抗日战争中黄河下游故道及两岸广大地区，大部分属于中国共产党领导的冀鲁豫和山东渤海解放区管辖。1946年，国民党政府决定堵复1938年决堤的黄河花园口口门，使黄河回归故道，美其名曰此举是为了拯救“黄泛区”人民，实际上则是又一次玩弄“以水代兵”的黄河战术，制造新的“黄泛区”，淹没和分割解放区。

1. “黄河归故”催生人民治黄机构的诞生

历史上把黄河作武器“以水代兵”制造人为灾难的事例屡见不鲜，据史书记载的就有6次，较近的一次是1938年6月9日本侵略军逼近开封时，国民党军队在郑州花园口扒开黄河大堤，企图阻止日本侵略军进攻，滔滔黄水，一泻千里，虽然暂时延缓了日本侵略军的进攻，却吞没了豫、皖、苏3省44个县市5.4万平方公里的土地，淹死89万人，1250万人受灾，人为地制造了一场灾难空前的大浩劫。

1938年花园口决口黄河改道南流后的8年，正是中国人民抗日战争的艰苦年代，中国共产党领导人民群众在黄河故道两岸开展了广泛的游击战争，郑州以下，除开封、济南几个城市及个别地区外，大都已被晋冀鲁豫和山东渤海解放区管辖，沿岸群众在黄河故道里开辟农田、建筑村庄，居民达60万人。如果黄河突然回归故道，由于原堤防已废弃8年，大堤残破不堪，险工毁坏殆尽，抵御不了洪水，冀鲁豫和山东渤海解放区必将成为千里泽国，沦为一个新的“黄泛区”。

1947年王化云在山东省莘县北寨村冀鲁豫黄河水利委员会驻地

为了拯救饱受黄水泛滥之苦的黄泛区人民，又避免灾害转移，造成人为水患，中国共产党一面以大局为重，同意堵口，让黄河回归故道；另一方面指示冀鲁豫和山东渤海解放区两个政府立即建立治河机构，领导黄河故道人民开展大复堤的准备工作。根据中共中央指示，1946年2月成立了晋冀鲁豫边区治河委员会。5月该委员会改名为冀鲁豫黄河水利委员会，任命王化云为主任；1946年3月，山东黄河河务局成立，任命江衍坤为局长。

两个新成立的人民治河机构，在周恩来总理的亲切关怀下，在冀鲁豫行署和山东渤海行署的直接领导下，一面组织领导群众整修堤防，一面同国民政府进行黄河归故谈判，开始了为期1年零3个月的谈判斗争，提出“先复堤、迁移河床居民，后堵口”的合理主张，先后达成了开封、菏泽、南京、上海等多次协议。从而争取了主动，延缓了堵口合龙的时间，最大限度地保护了解放区人民的利益和安全。冀鲁豫和山东渤海解放区两个人民治河机构在党的领导下，组织领导人民群众开展复堤工程，共完成土方3000万立方米，初步修复了大堤和险工，为保卫解放区的安全打下了基础，从而掀开了人民治河的序幕。

2. 在实践中认识黄河

新中国成立前夕的1949年6月16日，华北、中原、华东三大解放区推选出9名代表（华北解放区王化云、张方、袁隆（因公未出席），中原解放区彭笑千、赵明甫、张慧僧，华东解放区江衍坤、钱正英、周保祺），在济南召开会议，成立三大区统一的治河机构——黄河水利委员会，推选王化云为主任，江衍坤、赵明甫为副主任，袁隆、张方、张慧僧、彭笑千、钱正英、李赋都、丁仲文、赵锦锋、杨子英、张兴、王文景、乔峰山、张伯声、张光斗14人为委员。从此，王化云领导的黄河全流域统一治理开始起步。

1949年7月，王化云率领黄河水利委员会机关移师开封城隍庙街。图为王化云当年的办公室

从传说中的大禹到历代治河名臣，历史上凡是对治理黄河有过贡献的人，都受到人民的尊敬。然而掀开中国治河史，历史上任期较长的河官中，西汉的王景约8年，明朝的潘季驯先后4次出任河官加起来总共才12年，而王化云则陪伴黄河度过了40个春秋，把毕生精力献给了人民治河事业。

王化云出身书香世家，早年毕业于北平大学，学的是法律专业，1937年参加革命后，当过县长、民教处长、司法处长，是由法官改任河官的。由于对治河是外行，所以他一上任就刻苦钻研治河业务，向书本学习，向老技术人员学习，不断研究探索，在实践中认识黄河，逐步熟悉了情况，取得了发言权。

1947 年至 1949 年黄河大汛期间，下游堤防险象丛生，特别是 1949 年汛期出现了 12300 立方米每秒的洪水后，下游两岸出现 400 多个漏洞、200 多次险情，王化云感到压力很大。他开始认真探索黄河决口频繁的原因。当年洪水向下游推进时，北岸枣包楼和南岸大陆庄民埝开口分洪后，河道水位显著下降，大大减轻了堤防负担。历史上遗留下来的民埝（即生产堤）缩窄了河道，影响排洪。王化云从这里受到启示，随即提出“宽河固堤”的方针，加固堤防，消灭隐患，石化险工，废除滩区民埝，开辟滞洪区，初步改变了下游防洪形势，为战胜洪水打下了基础。

1953 年黄河水利委员会从开封迁至郑州。图为现在的黄河水利委员会机关大楼（邓红　摄影）

新中国成立后，黄河由分区治理走向全河统一治理，王化云又开始对黄河进行深入的研究和探索。为了摸清黄河的脾性，掌握第一手资料，他深入大河上下，调查研究，逐步加深了对黄河的认识，进而认识到黄河是一条多沙难治的河流，历代治河，对付泥沙的办法，在地区上只限于下游，在措施上只限于“排”，在方法上采用“疏导”“分流”“筑堤束水、以水攻沙”。这些办法虽然都曾收到过一些效果，但由于黄河泥沙太多，“疏导”效微，“分流”两河俱淤，“束水”则堤防易溃，因而决口改道不断重演。王化云认为不能再走历史上把黄河水和泥沙送到海里就算完事的老路，而应实行“蓄水拦沙”的方针，达到除害兴利的目的。

不料，在“蓄水拦沙”方针指导下，黄河干流上兴建的第一期工程三门峡水库初步建成后出现了泥沙严重淤积问题，被迫进行改建。在周恩来总理的关注下，先后进行了两次改建，并实行“蓄清排浑”运用方式，达到了改建的目的，使三门峡水库继续发挥着防洪、防凌、发电、灌溉、供水的综合效益。王化云从三门峡工程的经验教训中得到启示，认识到“蓄水拦沙”的方针有片面性，过分强调了“拦”，忽视了“排”，单纯“拦”和单纯“排”的方针都行不通，于是又提出了“上拦下排”的方针。

随着黄河干流水利资源的开发利用和“上拦下排”方针的实施，王化云逐步领悟到在黄河上修水库不仅能调节径流，还可以调节泥沙。黄河问题的症结是水少沙多，水沙不平衡，于是他又提出在干流上修建龙羊峡、刘家峡、大柳树、碛口、龙门、三门峡、小浪底等七大水库，调水调沙，变水沙不平衡为水沙相适应，更好地排洪排沙入海，同时充分利用黄河水沙资源为国家“四化”建设总目标服务的治河设想，从而形成了一套完整的治河思想体系。目前，黄委正在实施的“拦、排、放、施、调、挖”治河方略就是在王化云治河思想体系的基础上不断完善和发展起来的。

光阴似箭，日月如梭，时代的列车已驶入了21世纪的新轨道。放眼神州大地，百花争艳，万花丛中竞放出一枝奇异的科技之花——“模型黄河”，引起了世人的关注。“模型黄河”是以相似性原理为依据，按照一定比例缩小的黄河模型，也就是“实验室里的黄河”。这个形象的比喻虽然已被一些人所理解，但对许多外行人来说却似懂非懂，依然是一个谜。实验室里的黄河到底是个什么样，是克隆、是微缩，还是模拟？为什么要把黄河“搬”到实验室里？黄河又是如何被“搬”到实验室里的？

带着一串串问号和好奇之心，笔者走进了“模型黄河”试验基地，想看一看流淌在实验室里的黄河在科技治黄中究竟扮演着怎样的角色。

流淌在实验室里的黄河

通俗地讲，“模型黄河”就是实验室里的黄河。其主要任务和重要作用是通过对“原型黄河”所反映的自然现象进行反演、模拟和试验，探求黄河的内在规律，一方面直接为“原型黄河”提供开发治理方案，另一方面为“数字黄河”工程建设提供物理参数。

时间回转到2002年7月4日上午9时，伴随着黄委主任李国英宣布黄河调水调沙试验正式开始，小浪底水库的闸门徐徐开启，巨浪滔天的黄河水奔腾而下，一泻千里，历时11天，26亿立方米的黄河水东流入海，这是在“原型黄河”上进行的首次调水调沙试验大演练的成果。同年7月23日下午3时30分，在黄河水利科学研究院“模型黄河”基地1号试验厅内，黄河小浪底水库至苏泗庄河道模型也开闸放水。此刻，这条流淌在试验厅里长度和宽度被缩小到1/600的“小黄河”，水流演进仅历时3个多小时，却得出与滔滔大河基本相似的成果，这就是“模型黄河”的杰作。接着，科技工作者对大黄河和“小黄河”分别得出的试验数据进行了合成分析，相互验证、互为补充，使数据更准确，为治黄决策提供了科学依据。作为科技治黄手段的“模型黄河”成为人们关注的新亮点。

一、试验厅里看“黄河”

从郑州市花园路南端乘车北行7公里，在花园路与国基路交叉口往西500米处，一道褐色大理石墙面上，“模型黄河”四个金光闪闪的大字映入眼帘。走进大门环行一周，这座到处开

“模型黄河”试验基地大门（汤夏林 摄影）

满了紫色小花儿的静静庭院带给人们一种神秘感，一座座外墙镶有白色瓷砖的长条形平顶建筑有序地排列着，这便是黄河水利科学研究院“模型黄河”基地。“模型黄河”基地占地270亩，北依黄河，南临华北水利水电大学北校区，地理位置优越，这里既是研究黄河的科研基地，又是爱国主义教育基地和宣传黄河的窗口。

信步走进1号试验大厅，呈现在眼前的这条“黄河”与笔者想象的不太一样。那波澜壮阔、气势磅礴、锐不可当的黄河已变成了潺潺的小溪，没有怒吼的波涛，没有澎湃的气势，实验室里的“黄河”是安静而舒缓的。“河道”上面纵横交错地架着许多标示断面的金属线，上面还有一些弯曲分布的像坝垛一样的木质物，分别代表“险工”或“控导工程”，河床上水流通过后的波状痕迹和一些河湾处被水流淘刷出的“沙坑”依稀可见。通过模型上架设的暗红色“钢板桥”，沿着模型旁的便道，从“开封柳园口”险工向上不过几百步便到了“小浪底”坝下，像童话世界一样有趣。

经介绍得知，试验厅内流淌的“小黄河”学名叫“黄河小浪底至苏泗庄河道模型”。模拟的是黄河下游350多公里长的游荡性河段，水平比尺为600，垂直比尺为60，模型全长585米、宽36米，是目前世界上最大的室内动床河道模型。模型试验的内容，主要是观测水流下泄后河道沿程水位、河势、含沙量及床沙变化、河道工情险情分析，以及黄河下游汛期洪水预报，为防洪及河道治理提供科学数据。

2号试验大厅内也有一条“小黄河”，学名叫“小浪底库区模型”。模拟的是大坝以上125公里的库段，包括库区100%的干流原始库容、近95%的支流原始库容。水平比尺为300，垂直比尺为60，模型全长420米，平均宽约15米，高2.4米。模型试验内容，主要是利用复演水库调水调沙过程，观测在水库调水调沙过程中库区水沙运行规律、出库水沙组合及泥沙级配、库区泥沙淤积过程、淤积量，以及淤积形态，沿程典型断面流速及含沙量分布、沿程水位地形变化、支流口门局部地形等。

小浪底库区模型（赵何晶　供图）

小浪底水库模型的地势比原型陡，有些变形。看到笔者疑惑的目光，专家笑着说，不太像是不是？这是变态模型，其实你刚才看到的下游河道模型也是变态模型，就是它的横向和纵向缩小的比尺是不一样的，这是试验的需要。如果做成正态模型，下游的模型根本就看不出河槽，成一个平面了，这样就不能达到“相似”了。但它是有一个限制条件的，就是变态不能变得太大，太大也满足不了要求。

3号试验大厅里的“小黄河”学名叫“三门峡库区模型”。模拟河道长约200公里，模型长约350米，范围包括干流上起上源头（地名），下至三门峡水库大坝；支流渭河华县水文站以下及北洛河河口段。三门峡库区模型主要研究三门峡库区及其潼关高程演变规律、三门峡水库运用方式等。

科学技术是第一生产力。亲临“模型黄河”现场，被浓厚的现代科技治黄气息包围着，特别是耳闻目睹了现场的真实概貌之后，笔者才真正明白了“模型黄河”原来是由一条条“小黄河”组成的。广大科研工作者正是通过被“克隆”出的条条“小黄河”，模拟出黄河的运动形态，对“原型黄河”所反映的自然现象进行反演、试验，探索黄河的自然规律，为黄河的治理开发提供最佳方案。

二、“小黄河”探秘

为什么要把黄河“搬”进实验室里？一位“模型黄河”专家从理论到实际详尽地解析了这个奥秘。他说，被称为中华民族摇篮的黄河，是世界上最复杂、最难治理的河流之一，流域侵蚀环境特殊、水沙运行规律复杂、河床演变剧烈。面对这样一条河流，在科学技术高速发展的今天，靠已有的理论分析、实践经验及数值模拟的方法来论证各种重大的治理开发方案，已满足不了现代治黄的要求。模型试验研究不仅可以弥补数字模拟和实测观测的不足，而且可以取得大量详细的模拟观测资料，深化对黄河演变规律的认识，检验各种治黄方案，从而有助于方案的调整和优化。显然，把黄河“搬”进实验室里的目的正是科技治黄的需要。

黄河是怎样被“搬”进实验室里的呢？这应当归功于黄河水利科学研究院的科研工作者。我们在试验厅里看到的模型和景观模型不一样，景观模型看着像就行了，但试验用的模型不但外观要像，还得满足试验研究的需求。专家说要达到这些要求，首先要遵循一个相似的原理。做两个相似的或者完全相等的三角形很容易，但对于河流来说就复杂得多了。模拟一条河流，只能用相似的原理，和它主要的方面相似，比如形状相似，水深、河宽、流速、流量都必须相似。但怎样做到相似呢？这里面有不少相似关系组成了所谓的相似律。因为模型试验是建立在相似理论基础上的，模型与原型不但应具备几何相似，而且还要满足动态相似及动力相似，否则在模型上差之毫厘，到了原型就可能会谬之千里。

选沙、铺沙是模型制作的难点。听着专家的介绍，我的视线开始移向大厅内堆放着的一堆堆粉煤灰，专家笑着说，你可别小看这些粉煤灰，这都是试验用的“黄河泥沙”，因为模型是按一定的比例缩小的，所以含沙量也要缩小，也有一个比尺的问题。黄河天然沙容重较大，在模型水力条件下，它是冲不走的，所以模型上要用容重不大的泥沙。用来做模型沙的材料主要有塑料沙、木屑、煤、粉煤灰等，用何种沙要根据模拟的对象来确定，因为不同的模型沙，它的物理性能和化学性能都不一样。黄河属于游荡型河道，它善冲、善淤且善徙，所以选模型沙必须得满足易冲、易淤这样一个条件。粉煤灰经济实惠、可塑性强、不容易板结，基本上能满足黄河变化的需要。

测控系统的自动化和现代化是模型制作的一个亮点。专家说，以“模型黄河”来复演和模拟“原型黄河”上的水沙过程，最重要的是把通过试验获取的数据进行计算分析，为“原型黄河”治理提供参考。因此，快速准确地采集、存储、分析各种测量数据就显得非常重要，这就要求首先实现测控系统的自动化、现代化，实现流量、尾门的自动控制和水位自动采集，研发适应高含沙水流水下地形仪等测量仪器。为此，自2002年起，黄科院加快了“模型黄河”测控系统的自动化建设，并取得了初步成效，建成了流量自动控制系统、水位自动采集系统和尾门自动控制系统。试验过程中主要物理量都实现了自动采集并直接转化为数据输入计算机，试验时只需在计算机中输入所需的各种数据，流量自动控制系统就会按照过程原型自动控制闸门开启，快捷准确。

当我们为流淌在实验室里的“黄河”赞叹不已的时候，千万不能忘记“制造”它们的科技人员，那一条条“小黄河”都是他们智慧的结晶。在“模型黄河”的演兵场上，洒下了他们辛勤的汗水，他们的功绩将永远载入人民治黄的史册。

三、寻根问祖“小黄河”

参观了流淌在实验室里的“小黄河”，了解了“小黄河”的来龙去脉，惊叹之余禁不住要问，这神奇的“小黄河”发端于何时？其发展历程如何？一位“模型黄河”专家意味深长地说，实验室里的“小黄河”20世纪30年代初诞生于德国，50年代初在黄河三门峡水库建设中开始应用，20世纪末及21世纪在黄河调水调沙试验中又有创新和发展。

1.“小黄河”的奠基人

如果不是身临其境，如果没有对“小黄河”作深入的了解，就很难对“小黄河”在黄河治理开发中的作用做出恰如其分的评价。那么“小黄河”诞生于何时、在治黄中究竟扮演着一种什么样的角色？让我们掀开历史，看看它的身世吧！

1923 年的一天，德国德累斯顿工业大学恩格斯教授和他的助手们把远隔重洋的黄河“搬”进了他的实验室，首次进行黄河丁坝模型试验，引起了世人的关注。而对于试验结果，恩格斯教授本人则庄严宣告：这次丁坝试验“对黄河并无用处”。人们在惊喜之余又感到疑惑，既然做的是黄河丁坝试验而为何又对黄河无用处呢？知情者说是试验成果只适用于一般的清水河流，而不适用于类似黄河这样的多泥沙河流。人们在遗憾之余，不禁对恩格斯教授求真务实的科学态度肃然起敬。

恩格斯教授进行黄河丁坝模型试验的缘由是：早在 1919 年，美国土木工程师费礼门来中国实地考察黄河，他从郑州西北面的邙山脚下，乘小舟沿黄河而下，对黄河堤防、河道、水流、沙滩、决口老口门作了实地考察，回国后撰文称考察黄河时发现，黄河能在洪水期将河槽刷深与拓宽，且水去沙停，将河槽填满，使河床恢复原有的高度。他从河床刷深与回淤中受到启示，认为河水缩窄河槽的结果，不仅可以使其自行刷深，而且能获得黄河所需河槽，甚至将水中所挟之沙一一送入大海。因此，费礼门主张在现有大堤中间修筑直线新堤，堤距 1/2 英里，再用丁坝保护新堤，形成 1/3 英里宽的河槽，利用河水自然冲沙力和输沙力，使泥沙形成厚实的防洪堤岸，抑制河槽过曲，使泥沙最直接而顺畅地送入大海。

费礼门提出的这一治理黄河的主张引起了国际水利界众多人士的关注，而德国德累斯顿工业大学恩格斯教授则有不同看法。费礼门为了验证自己学术思想的正确性，于 1923 年委托恩格斯教授进行黄河丁坝模型试验，要求以此研究修筑黄河丁坝最大安全距离、丁坝与河岸所呈的角度、坝端形状、坝头冲刷、坝间淤积及护岸效果等。

恩格斯教授接受了黄河丁坝模型试验任务后，便在水槽中进行试验，模型沙用褐煤粉末，做了丁坝与岸线夹角 30° 与 60° 两种试验。试验结果虽说“对黄河并无用处”，却适用于一般清水河流，开创了模型试验的先河，恩格斯教授因此被誉为模型试验的鼻祖、先驱和奠基人。

2. 穿针引线架金桥

科学是无止境的，科学家的求索精神是永恒的。1923 年恩格斯教授所进行的黄河丁坝模型试验，虽然“对黄河并无用处”，但他并不灰心，仍在孜孜以求地继续进行新的探索。

1928 年，恩格斯的得意门生、德国汉诺夫大学教授方修斯受聘来华期间，也倾心研究黄河。回国后于 1931 年自行开展治导黄河试验，试验结果宣告：“滩地宽大的河流，对于低水位河床之影响最为不利，盖泄洪之断面辽阔，则水流无力挟沙石俱去也。故狭窄平行之堤防、坚固之河岸及滩地，足以使低水河床经过洪水以后大为刷深，愈加平整有律矣。”方修斯以这次试验成果与其恩师恩格斯进行交流探讨。恩格斯也以此为契机，致函中国国民政府新任命的黄河水利委员会副委员长李仪祉，介绍了其新建的大型水工试验场及刚刚结束的模型试验结果，并有意与中国合作，做黄河模型试验，进一步验证已经取得的成果。李仪祉积极回应，除筹集资金资助外，又派李赋都于 1932 年赴德国参与试验，同年 10 月完成第一次试验。1934

年又派沈怡赴德国参与第二次试验，同年 11 月结束。两次试验均取得了满意的成果，试验结果证明：堤距宽者，对于河床刷深及滩地淤高之效果比堤距窄者为佳，并对黄河下游河道治理提出四条建议。一、增高原有大堤，以防非常洪水；二、不必束窄堤距，借适当工程，创造中水河槽，使中水位河槽不变；三、依河槽形势增筑翼堤；四、借适当工程保护滩地，以防水流冲刷。李仪祉和张含英对此次试验成果特别是对“固定中河槽水位”，均给予了很高的评价。李仪祉说：“恩格斯这项主张，我是很赞同的，因为有了固定中水河床以后，才能设法控制洪水的流向。”张含英也说，“固定河槽一事，应视为今日之急要工作”，堤线的“初期修整不可贸然束窄”。经李仪祉推荐，国民政府认为两次试验对治理黄河确有贡献，特核准奖给恩格斯一等“宝光水利”奖章，以示酬谢。

李仪祉等水利界知名人士以此为契机，积极穿针引线，搭桥铺路，奔走呼号，于 1935 年筹建成立了中国第一个水工试验所，虽然由于种种原因还没有做黄河模型试验，却为黄河模型试验打下了基础，并由此开始了新的探索与实践。

3. “屈河”背后的故事

马克思曾经说过，“在科学的道路上没有平坦的道路，只有沿着崎岖小路勇于攀登的人，才能达到光辉的顶点。”这里要讲述的“屈河”的故事就生动地验证了这句至理名言。

为了考究“屈河”的来龙去脉，笔者采访了“屈河”的主角——黄河泥沙研究专家屈孟浩。屈孟浩给笔者讲述了“屈河”的来历：1958 年，黄河下游游荡型河道模型试验研究组，在苏联专家的指导下，开始塑造游荡型河道的造床试验。在简易的河工实验室中，将选定的模型沙按一定的比降铺在宽 7 米、长 60 米的试验槽内，在模型中央按造床流量的水力要素，挖一条顺直的小槽，然后按一定的水沙过程放水加沙，通过“洪峰”的猛涨猛落和低水期水流弯曲摆动，在水流、泥沙和河床的相互作用下，自行塑造成水流散乱的状态，从而出现了边滩和江心滩的游荡性小河，试验获得了成功。恰在这时，适逢苏联专家罗辛斯基等来黄河指导工作，他们现场参观后对试验加以肯定。随后他曾风趣地说，这是屈孟浩领导的试验小组塑造出的“小黄河”，我们就叫它“屈河”吧！

接着，屈孟浩又叙说了“屈河”背后的故事，即“屈河”走过的那段曲折漫长的艰辛之路。他说，从 1953 年开始，那时的黄河泥沙研究所（黄河水利科学研究院的前身）吴以敩老所长就把研究解决黄河泥沙的挟沙能力、冲刷能力及挟沙水流模型律三大课题作为黄河泥沙研究的主攻目标，所以模型试验就提到了重要议事日程。当时我们收集了国内外很多资料，但没有像黄河这样游荡、散乱的河流观测资料，没有类似黄河这样河流的模型律，这就很难做。于是我们就边学习边实践，先从天津大学郑兆珍的模型律和清华大学钱宁的模型律入手做做看，不行的话就修正它。用郑兆珍的模型律做试验后不理想，虽说他的模型律在国内来说是第一家悬浮泥沙模型律，但对整个河道来说都不易模拟。于是又用钱宁的模型律做试验，钱宁模型律的特点是研究底沙动力的动床模型律，对变态、交换这些问题都回答不了。于是，我们就结合黄河的实际，进一步进行研究试验，探索实践，取得的成果就是“屈河”，即游荡型的“小黄河”。“屈河”还比较粗糙，很多泥沙运动理论，水力学理论都不够严格，对整个游荡型河道还可以，而具体到哪一个部位就不行了。1963 年以后再收集资料，在李保如的指导下，变成了“半自然模型法”，又做了多次试验，1978 年在模型律研究上取得成功，并被定名为“屈孟浩模型律”。此后，利用“屈孟浩模型律”进行了多项黄河动床模型试验，如三盛公枢纽兴建电站问题的试验、黄河下游渠村闸分洪动床模型试验、黄河小浪底水利枢纽工程泥沙模型试验等。这些试验成果为解决相关工程的洪水与泥沙问题提供了科学依据。

20 世纪 80 年代以来，在李保如和吴致尧等专家的指导下，张红武等科研人员在前人研究的基础上，对模型沙基本特性、模型相似条件进行了系统研究，又进一步提出了能适合一般挟沙水流与高含沙水流的黄河动床模型相似律，还对泥沙悬移相似条件提出了新的见解，同时还提出了河型相似条件及针对水库泥沙动床模型试验的异重流运动相似条件。此模型相似律在黄河花园口至东坝头河段河道整治模型、南水北调中线穿黄动床模型、黄河小浪底移民区温孟滩河道整治动床模型、黄河小浪底至苏泗庄河段模型、小浪底库区等众多模型中得到运用，取得了大量的科研成果，为黄河的规划、河道整治、防洪提供了科学的依据。

一条条“小黄河”，见证了“模型黄河”发展的轨迹！

一代代“模型黄河”的践行者，以智慧和汗水浇灌“模型黄河”茁壮成长！

四、“小黄河”大奉献

实验室里克隆的“小黄河”与自然的大黄河相比，形体虽然被浓缩到数百分之一，滔滔大河变成了潺潺小溪，但它“形”小而能量大。一条条“小黄河”在探索河床演变规律、水沙运动规律、河道整治工程、水库建设运用、防洪预案制订等重大治黄关键技术问题上，都取得了重要的试验研究成果，并发挥了巨大的作用。对此，姚文艺、江恩慧、张俊华三位专家以几则实例作了诠释。

1.“六改方案”定乾坤

一位模型专家感慨地说，实验室里的“小黄河”参与了多项水利工程建设的论证工作，并作出了重大的贡献，“六改方案”就是一个生动的例证。

小浪底水利枢纽是黄河干流上以防洪减淤为主，兼有发电、灌溉、防凌综合效益的大型工程，兴建工程时考虑到由于水头高、含沙量大，泄洪、排沙、发电等建筑物泄流规模大，防洪减淤在运用上的要求又很特殊，加上坝址处地质条件极其复杂，泄流建筑物门前淤堵问题十分突出，枢纽泄流建筑物的布置难度极大。为了探求泄流建筑物的优化布置形式，解决泄流建筑物前的泥沙淤堵问题，模型专家屈孟浩和中国水利水电科学研究院（简称中国水科院）曾庆华及南京水利科学研究院（简称南京水科院）窦国仁分别主持了多次泥沙模型试验，研究小浪底水库建筑物优化布置形式和电站防沙措施，提出了优化布置方案和防淤堵措施。通过对众多方案的反复对比试验，终于找到了一个最佳方案。

这项模型试验从1982年开始，原设计电站和泄洪洞是分开布置的，即电站、排沙洞布置在风雨沟口，泄洪洞布置在沟里，所以叫“沟口电站方案”。模型试验得出的结论是：泄洪洞不过流时整个风雨沟就会淤死断流，此方案不能采用；设计部门第二次提出的方案叫“沟里电站方案”，即电站、排沙洞布置在风雨沟沟里，泄洪洞布置在沟口，模型试验的结论是，泄洪洞不过水时进口会被泥沙淤堵，此方案也不能采用；时隔两年，1984年，水利部黄河水利委员会勘测规划设计研究院（简称黄委设计院）和美国一家公司合作，联合设计又提出第三个方案，叫“小圆塔泄洪方案”，即把6组小圆塔泄洪洞和电站排沙洞分前后组合排列布置在风雨沟里，由黄河水利委员会黄河水利科学研究院（简称黄委水科院）和中国水科院分别在郑州、北京同时进行模型试验，试验的结论是：小圆塔水流围绕小圆塔内外乱转，不能发挥对消冲能作用，不泄水时会被泥沙淤堵，此方案亦不能采用；1985年夏季，中美联合设计组又提出一个叫“闸墩式龙抬头泄洪洞方案”，即把圆塔形泄洪洞改为闸墩式龙抬头形和电站排沙洞并在一起，再分组相间排列在风雨沟里。试验结果表明，泄洪洞门前仍会被泥沙淤堵，还是不能采用；同年秋天，中美联合设计组又提出一个叫“组合进水塔方案”，这个方案利用排沙洞过水时可以在泄流建筑物前形成一个小河沟和冲刷漏斗，可以保证门前清、不会被泥沙淤死，优于以上方案，但这个方案在3号和4号塔架会形成沙块，所以这种布置形式仍不够理想，也未被采用；1986年，试验与设计人员根据前5种方案试验结果，分别提出相同的进水口不错台“一字形”排列方案，并在风雨沟口采取冲淤措施。经过试验，结论是：在泄水建筑物门前能形成单一的大回流，泄水建筑物前基本不发生泥沙淤堵。因此，这个方案被初步确定并被推荐采用，被誉为“优化布置方案”。小浪底水库几年来的初步运用证明，试验结果是可靠的。该项目与南京水科院和中国水科院的成果一起荣获了1995年水利部科技进步奖一等奖。

专家特别强调说，“六改方案”还生动地验证了“模型黄河”可以多次复演的独特优势。

2. 民心工程顺民意

黄河下游河道治理难度非常大，究其原因就是河势变化摆动非常快。常言说“三十年河东，三十年河西。”这是形容一般河流摆动的特点，而黄河摆动的特点则更甚，可谓“今天河东，明天河西”，甚至“上午河东，下午河西”“时而河东，时而河西”，河势变化迅速，而且经常出现横河、斜河及各种各样的畸形河湾。河势复杂，河道的整治难度就大。黄河下游游荡型河道整治，主要是通过修一些工程，包括丁坝、垛等能够把河势相对稳定住，这样它以后就不容易出现横河、斜河的危险河势。横河、斜河对防洪影响非常大，河道整治工程对防洪安全有很大作用。但这个工程怎样布置才能够很好地控制住河势，或者把河势理顺一些，这就要通过实体模型试验来研究河道整治方案。

黄委水科院总工程师姚文艺讲述了“模型黄河”在小浪底温孟滩移民安置区河段整治工程中成功运用的实例。他说，温孟滩河段河道宽、河水浅、水流散乱，摆动频繁，有时河水摆动过大，会从河的一岸摆动到另一岸，这种典型的游荡性河段极易威胁两岸的滩区，是最难治理的河段之一，所以很久以来这里一直是一片荒芜的滩地。1987 年，小浪底水利枢纽工程开工建设，有 20 多万居民需要异地安置，搬迁规模大、任务重。为了解决这个难题，经过专家们认真调查、缜密分析，提出一个大胆的设想：开发温孟滩。温孟滩位于小浪底水库坝下 20 公里处，地域辽阔、土壤肥沃、水资源丰富，很有开发利用价值，如果对它进行河道整治、土地改造，拓建成新的居民区，可安置约 5 万移民。

这个方案虽好，但真正落实起来却十分艰难。由于温孟滩处于游荡性河段，治理难度大，如果控制不住河势，移民居住在河边，心理上就会缺乏安全感。因此，这就需要规划设计出一个安全可行的河道整治工程方案，控制河势，稳定流路，保证滩区不受洪水侵害，好让移民们来得顺心、住着安心。

规划设计人员通过对历史资料的综合分析，发现尽管温孟滩河段宽达 9 公里，但实际上一般洪水的流路只需 2 公里左右。经过认真分析计算，决定在不影响洪水安全通行的情况下，将河道由原来的 9 公里缩窄到 2.5 公里，然后在两岸修建 53 公里长的防洪堤，把河水牢牢地控制住，让它按规定的线路下泄。为了防止河水来回摆动冲毁堤防，设计人员还根据河水的弯曲走势，巧妙地布设 10 处弯型的控导工程，以弯导流，运用上一弯将水送到下一弯，如同传送接力棒一样来引导河水，这样防洪堤就不容易受到洪水的冲刷破坏。

1993 年，在吴致尧、赵业安等专家的倡导下，决定将温孟滩河道整治方案在“模型黄河”做试验验证。

在做河道整治模型试验时，为了检测河道整治工程到底能抵御多大的洪水，就将试验设计洪峰定为1958年的流量——22300立方米每秒，看温孟滩河道整治工程能否在大洪水面前经得住考验，能否真正担负起保证5万人生命财产安全的使命。按照预案精心布设放水后，洪水奔腾而下，顺利通过温孟滩河段，洪水在被缩窄为2.5公里宽的河道内得到了有效的控制，没有出现险情，这一结果令科研人员感到十分欣慰。于是他们又用不同的水沙条件进行对比试验，在超大洪水的考验下，控导工程仍能充分发挥作用，说明河道整治方案是科学合理的。经过对工程方案进行反复修改、验证、调整，终于制订出了一个最佳方案。

温孟滩河道整治工程按照验证过的设计方案开工建设，经过一段时间的实践检验，洪水在2.5公里宽的河道内基本按设计好的走势行进，达到了设计预案的要求，这说明“模型黄河”对温孟滩河段整治工程设计方案的验证是十分成功的。从运行情况来看，整治效果非常好，原来水流主流线总是来回摆动，在河道里来回窜动，流路不一致，从1999年河道整治工程完工到现在，河势流路基本上都是稳定的，没有出现大幅度的南北摆动现象，稳定了河势流路，安定了民心，产生了很大的社会效益、经济效益。温孟滩移民安置区的村民说：“黄河边上做那坝，水面离河坝高处还有两三米高，洪水根本上不来，我们全放心了。”这一段河道整治工程现在被大家公认是一个成功的典范，这项成果也因此获得了水利部“大禹水利科学技术奖”。

3. 神机妙算赛神仙

黄河防洪问题一直是我们国家十分关注的问题，黄河安危，关系重大。随着模型试验水平的提高，1990 年之后“模型黄河”又担负着下游洪水预报的重任，先后多次开展了黄河下游游荡性河段的洪水演进试验，为黄河下游防洪预案制订及防洪调度决策及时提供了科学依据。提起模型试验在洪水预报中发挥的作用，黄委水科院副院长、河道模型专家江恩慧满怀激情地对笔者讲述了她亲身经历的一段往事。

江恩慧说，20 世纪 90 年代前后黄河来水连续几年都是小水大沙，那时小浪底工程还没有建成，三门峡水库下来的泥沙都进入了下游河道，那几年河床萎缩非常厉害，尽管流量都很小，但是上滩的概率特别大。当时在黄委领导的关怀下，我们在花园口至东坝头河道模型上连续几年做汛前洪水预报。1996 年汛前，根据当时的天气预报和黄河流域来水来沙的情势，预测来水来沙的过程，然后在模型上放水，看不同洪水情况下黄河下游滩区的漫滩情况。那时黄河下游河床由于泥沙淤积严重，“高滩不高”表现特别明显。“高滩不高”可能会造成一遇中常洪水就会漫滩。高滩上不但种有庄稼，还住有居民。若洪水漫滩，居民和庄稼都会受淹。所以，我们就做模型试验看看不同洪水时哪种情况会漫滩、漫到什么程度，是低滩漫水还是高滩漫水，高滩漫水会漫到什么程度，有多少村庄可能受淹，这样防汛部门做防洪预案时，就可以以模型试验的结果作参考依据。当时我们模拟设计了三种洪水模式：“1982 年洪水”“1958 年洪水”“1957 年洪水”。汛前做洪水预报大家都特别关注，一些县市河务局的局长、防办主任、省河务局及黄委的有关领导都来了，模型大厅站满了人。因为多年没来大水，大家心里都没有数，来了大水之后会出现什么样的情况谁也说不清。虽然大家都预估大水来了肯定会淹没滩地，但是到底来多大的流量会淹，谁也说不准。所以大家心里都打着一个问号，前来观看的人都心神不定地等待着模型试验的结果。做试验时，其中有一级流量是 6300 立方米每秒，我们先从 5500 立方米每秒放水，再接着慢慢往上涨，当放到 6000 多立方米每秒时，水就从一个叫路堤的地方开始破口了。破口以后水往后走，原阳双井控导工程后面，是一个特别低洼的地带，水就往东北方向流，大致就是 1843 年洪水的走势，一下子走到对岸原阳黄河大堤了，在辛寨大断面附近，慢慢往黄河里面滚。当水放到 8000 立方米每秒和 10000 立方米每秒时，整个原阳高滩全部是水，高滩上的居民和地全淹了，路堤都冲坏了。尽管大家在模型试验现场都亲眼看到了洪水在 6300 立方米每秒时就开始漫滩，但不少人仍持怀疑态度，认为不符合实际情况，多数人都认为 6300 立方米每秒的流量不会一下子上到原阳高滩。当时黄委的吴致尧总工程师问我："你的试验结果对不对？你再想想整个操作过程。"这时我也犹豫起来，难道这次试验做错了？我心里明白洪水预报的责任太重大了，大家对它寄予的希望也大。于是我仔细回想整个操作过程，从加沙、最初断面、地形的制作，然后到模型水沙条件的控制、加沙系统的控制，都是一点一点很严肃、很认真地做出来的，每一湾都不知检查了多少遍，放水之前，我们在模型上走了不下 5 遍。特别是当我想到远在北京的主管防汛的水利部领导还在等着试验结果，并要求第二天就要把试验成果报到北京去，我便满怀信心地说："试验结果准确，没错！"

岂料当年8月6日真的来大洪水了，最大流量7680立方米每秒，洪水就是在6000多立方米每秒流量的时候从模型试验时预报的地方漫滩的。正是由于河南局在洪水来临之前参照模型试验的结果，对下游几个工程进行了加高、加固，特别是事先对大宫工程进行了加高培厚，水虽然已经超过了原来建坝工程的高度，但正好是加高的那一部分挡住了水，水没有在那个地方漫滩。滩区里土地、居民都未受淹，工农业生产也未受到影响，避免了一场洪水灾难。这是模型试验为黄河下游洪水预报作出的一次重大贡献。

4. 联动试验辟新程

"三条黄河"联动是黄河调水调沙试验中最精彩的一幕，黄委水科院副总工程师、水库模型专家张俊华给笔者介绍了2002年调水调沙中"模型黄河"与"原型黄河"联动的概况。她说，调水调沙模型验证试验分为两个阶段进行，第一阶段为小浪底库区模型验证试验，第二阶段为黄河下游河道模型验证试验，采用与原型一致的水沙条件、边界条件及调节方式，并与原型调水调沙过程同步试验。

小浪底库区模型验证试验于2002年7月19日13时30分进行，按照与"原型黄河"调水调沙试验一致的库区地形情况、入口水沙条件、实时调度方案进行放水试验。原型小浪底水库11天的放水过程，在5个多小时内被原原本本地"克隆"了一回。根据测算，这次试验的流量比尺是1∶90585，时间比尺是1∶45，也就是说，模拟试验1分钟，相当于原型试验的45分钟。模型试验内容主要是利用小浪底库区模型，复演水库调水调沙过程，观测在水库调水调沙过程中库区水沙运行规律、出库水沙组合及泥沙级配、库区泥沙淤积过程、淤积量及淤积形态，沿程典型断面流速及含沙量分布、沿程水位地形变化、支流口门局部地形等。

因为黄河首次调水调沙试验备受关注，一些没有到“原型黄河”去看的人，听说模型上要进行调水调沙试验都来看了，模型大厅站满了人，包括中央和豫鲁两省新闻媒体的记者。外行是看热闹，内行就站在模型出口段，仔细地观看浑水能不能出来、异重流能不能排出来、异重流的潜入位置是不是和原型一样，还有流速、含沙量是否也和原型一样。因为原型调水调沙试验过程中，开始水库下泄的是清水，到坝前以后浑水就出来了，出现异重流的时间是放水后第三天，所以在模型上也应该演示这个过程。试验一开始，10股水流从小浪底水库模型的大坝洞口处流出，上面是清水，下面是浑水，届时异重流也潜入慢慢运行且都排出去了。分布在模型各个点上的工作人员忙碌地测量流速、含沙量、水位、断面形态等数据。通过对比验证，模型试验和原型试验基本相似。

黄河下游河道模型试验是在7月23日13时30分开始的，模拟时间为3个多小时，“模型黄河”中17分钟试验过程等同于“原型黄河”24小时水沙演进过程。

根据“原型黄河”调水调沙前的河道地形资料，做出与原型相似的模型河道，采用与黄河首次调水调沙中一致的水库实际下泄水沙过程、下游各支流相应水沙过程进行同时间模型试验。工作人员在现场抢测沿程水位变化、河势变化、河道冲淤变化、沿程含沙量、床沙变化和河道水沙允许速度等数据。验证试验较好地复演了试验河段河势变化、漫滩情况、洪水演进过程，直观展现了异重流的面目，增加了很多原型上无法观测的资料，为黄河调水调沙试验研究和指导生产实践提供了科学依据。

如果说小浪底水库的建成为黄河调水调沙试验创造了条件，那么可以说调水调沙试验中“模型黄河”与“原型黄河”的联动试验，则为科技治黄开创了一条新的途径。

“模型黄河”试验基地鸟瞰图（赵何晶　供图）

五、喜看“小黄河”展翅飞

时代在发展，黄河在前进，“模型黄河”在起飞。“模型黄河”体系由“黄土高原模型”“水库模型”“河道模型”和“河口模型”组成。“水库模型”和“河道模型”起步较早，已经取得了许多重大试验研究成果，正在总结经验，乘胜前进；“黄土高原模型”和“河口模型”则刚刚起步，正以龙腾虎跃之势奋起直追。特别是水利部重点科研项目黄河泥沙实验室落户“模型黄河”基地，为“模型黄河”试验研究增添了后劲。

1. 历史的新跨越

从恩格斯教授做黄河丁坝试验开始，到“模型黄河”工程建设全面启动，时序已经跨越了两个世纪的80个年头。新中国成立初期从人民胜利渠引黄灌溉济卫工程的兴建，特别是三门峡工程的兴建，就开始运用模型试验进行验证。模型试验所走过的这条漫长之路是一条探索之路、发展之路，有困惑、有迷茫、有成功、有喜悦，但最终还是冲破千难万阻，走过艰辛、走出困境、走向胜利，迎来了黄河科研的春天。

21世纪，随着经济社会的发展，治黄要解决的科技问题也越来越多，这就对新时期治黄提出了更高的要求。为了提高治黄的科技含量，黄委提出建设“三条黄河”，即“原型黄河”“数字黄河”“模型黄河”，这就把原来“黄河模型”的概念提升转化为“模型黄河”了。对于这个概念的转化，黄委水科院总工程师姚文艺作了诠释。他说，开始人们对“模型黄河”的概念并不很理解，总觉得“黄河模型”与“模型黄河”只是字面上颠倒而已，实际上两者的概念是完全不一样的，不只是一个词的颠倒，而是从概念与定义上都是一个质的飞跃，从层次和内涵上都大大外延了，是一个科学创新。

姚文艺说，一般意义上的模型试验，大都是结合研究问题的需要做单个模型。比如要研究花园口河段整治或研究这一段河道的演变，那就只做花园口这个模型，把模型做好后任务完成了，模型就拆了，长期以来都是这么做的。现在就不一样了，现在治理黄河，要站在全流域的层面上，站在全河的角度来探求治理黄河的对策、技术、方法。“三条黄河”建设（包括“模型黄河”）就是应治黄的新要求而产生的这样一个概念，“模型黄河”就是要把黄土高原模型、水库模型、河道模型、河口模型形成一个有机的整体，这些模型是相互关联的，而且与“数字黄河”“原型黄河”都是可互动的。“模型黄河”比“黄河模型”功能要大得多。通过“模型黄河”建设可以搭建层次更高、功能更强大的治黄科研条件平台。

举例来说，根据“模型黄河”整体设想，首先通过黄土高原模型降一定的雨量，在模型上研究产生多大的泥沙、多大的洪水，把水和沙送到中游的水库，通过水库模型就可以进一步研究来了这么多的水和沙以后，水库该怎么个运用法，这样水库模型就可以接着做；水库模型在做的过程中，又可以和下游模型很好地连接起来，就是说水库根据入库的水沙条件，研究怎样调节、怎样放水、怎样放沙、放什么样的水沙组合才能既满足减少水库淤积、确保一定兴利库容的需求，又不会使下游河道产生大量淤积。通过河道模型就可以再研究水库下泄不同的水沙过程对河道的影响有多大，河道模型如果发现问题，就是说水沙条件不行，它就可以反馈到水库模型，水库模型再进行调节，根据水库运用的限定条件调节出对下游不产生大量淤积的合理水沙过程。当然还必须考虑水库运用对河口的影响。因为从黄河小浪底水库往下泄水到河口，还有几百公里，这个运行过程中水沙条件会发生变化，很难说到了河口以后水沙条件是什么样。试验前可以通过河道模型把水沙条件从进口经过几百公里的运行，到出口时是怎样一种水沙条件，相当于进入河口是个什么样的水沙条件，然后再研究进入是一种什么情况，会对河口产生多大影响，那么河口再根据治理的需要对上面水库的调控运用提出要求，这样就形成了一个非常的有机联系，而且相互关联，这样发挥的作用就更大了。它不但可以研究河道整治问题、河床演变问题，包括将来生态环境问题、水污染问题，而且可以通过这种方式研究，形成一个比较大的平台。这让原来所说的“黄河模型”的概念就没法比拟了，这个功能就强大得多了。

从“黄河模型”到“模型黄河”，这个跨越时空的飞跃，标志着模型试验研究从零打碎敲的粗放型“黄河模型”试验，开始走向统一规划、整体推进的“模型黄河”工程体系建设，这是一个新的起跑线。

2. 阔步走向未来

姚文艺说，黄委党组提出的建设“三条黄河”的构想，为“模型黄河”建设开辟了广阔的发展前景，我们要按照“模型黄河”的规划要求，全面推进“黄土高原模型”“水库模型”“河道模型”“河口模型”整个模型体系的建设。

“模型黄河”规划中提出，“黄土高原模型”主要用于研究黄土高原多沙粗沙区小流域侵蚀产沙规律、坝系“相对平衡”机制、沟道重力侵蚀规律及治理方案等。“水库模型”主要用于研究水库运用方式、库区冲淤演变规律、水库运用影响及其对策、库区治理措施、水沙调控机制及调水调沙运用方式等。“河道模型”主要研究河床演变规律、河道整治方案、洪水演进预报、疏浚挖河固堤等。“河口模型”主要承担河口演变规律及综合治理方案的研究等。

在“模型黄河”工程建设中，起步较早的“水库模型”和“河道模型”，正在总结经验，完善提高，继续前进，更上一层楼；起步晚的“黄土高原模型”和“河口模型”，正在奋起直追，加快建设步伐。特别是水利部“黄河泥沙重点实验室”落户黄委，为“模型黄河”建设提供了强大的后劲，“模型黄河”建设形势喜人。

姚文艺说，在“黄土高原模型”和“河口模型”建设中，将会有更多的技术难题等待科研人员去破解，例如在“黄土高原模型”建设中，由于黄土高原面积大，气候、降雨、植被等自然条件复杂，很难准确全面地模拟，特别是世界上发达的国家都没有开展过完整的流域侵蚀模型试验，也只有针对面蚀、细沟流失等现象开展一些没有比尺的模型试验研究，更没有建立过类似黄土高原重力侵蚀现象的物理模型，没有现成的经验可以借鉴。因此，“黄土高原模型”试验研究是一项开创性的工作，需要科研人员开拓进取，大胆创新，造出实验室中的黄土高原和黄河河口。

随着生活水平的提高，人们对生态环境、生活环境更加重视，所以河流的生态环境问题也都要纳入到河流的研究中去，也要利用模型试验的方法研究河流的环境问题，就是生态环境问题。因此，“模型黄河”将有着广阔的发展前景。

“模型黄河”正阔步走来！

湿地：生命之源

湿地与人类的生存、繁衍、发展息息相关，被称为“生命的摇篮”。湿地还是迁徙鸟类的重要季节性栖息繁殖地，很多珍稀水禽的繁殖和迁徙都离不开湿地，因此湿地又被称为“鸟类的乐园”。湿地具有强大的生态净化作用，因而又有“地球之肾”的美名。湿地犹如和睦的大家庭，碧水、芦蒿、树木、飞禽、鱼群和谐相处、相得益彰。智慧的人类融入其中，赋予这个大家庭以灵气和文明，构成一幅幅美丽的画卷。湿地是人与自然和谐共存的绿色家园。

人类的家园

由于特有的资源优势和环境优势，湿地周边一直是人类居住的理想场所，是人类赖以生存的家园。早在远古时代，人类就逐水而居，依赖湿地从事生产生活活动，孕育了光辉灿烂的古代文明。我国第一部诗歌总集《诗经》用来表达湿地概念的词就有很多。“于以采蘩，于沼于沚。”（《召南·采蘩》）、“于以采蘋？南涧之滨。”（《召南·采蘋》）、“绵绵葛藟，在河之浒。”（《王风·葛藟》）、“关关雎鸠，在河之洲。”（《周南·关雎》）、“山有扶苏，隰有荷华。”（《山有扶苏》）

等诗句中的“沼、沚、滨、河、浒、洲、隰”都是指湿地领域。

《诗经》里有关湿地的诗句描写为我们再现了一幅幅西周时期黄河流域的原始湿地画面。《诗经》中的湿地是富有诗意的，但《诗经》中的湿地拥有的不仅是意境，还拥有更丰富的湿地文化内涵。湿地优美的自然环境不仅能激起人们的情思迸发，还滋养了众多的水生动植物，为它们提供了生长的乐园。湿地丰饶的物产使人们形成了采摘、狩猎、渔业等湿地经济生产方式。

黄河天鹅湖（杨书方　摄影）

湿地因生态资源丰富、自然景观质朴、文化积淀深厚，自古就是隐逸之地，被历代文人雅士视为人间净土、世外桃源。

即使是在发达的工业化社会，人类仍然离不开湿地。湿地为人类提供食物来源、工业原料、药材、燃料等多种产品，还能够提供旅游、航运等服务。湿地还为无数文人墨客提供了创作灵感和艺术素材，湿地也是许多传统文化和宗教的圣地。

湿地是慷慨的，但又是脆弱的。长期以来，人类不断地从湿地获取大量食物、水、木材等，同时也不断地在湿地上进行围垦、酷捕、滥猎等活动，过度开发和不合理的利用严重破坏了湿地的生态平衡和生物多样性。湿地同其他任何大自然的恩赐一样，都不是人类所应独享的和取之不尽的资源，人类的生存和其他生物息息相关，应该成为同舟共济的伙伴，只有人和其他生物共存互利，湿地才会永远不断地承载着水草、树木、鱼虾、鸟儿和兽类，才会不断地发挥其功能。

因此，保护湿地就是保护我们赖以生存的家园，就是保护人类自己。人类作为大自然的一部分，为了我们的家园依然美丽，为了明天的空气依然清新，请珍爱湿地、善待湿地、保护湿地！

美丽湿地

中国最完整的湿地——黄河三角洲湿地

在黄河的入海口山东省东营市，有一片历经黄河常年冲刷、由河水自上游挟带的泥沙淤积而成的平原——黄河三角洲。由于受到海水的顶托，黄河水流的速度到此减慢，大量泥沙在这里淤积沉淀，周而复始，年复一年，最终形成了这片富饶辽阔的共和国最年轻的土地。同时伴随这片土地而生的，是以景色旖旎而闻名于世的黄河口湿地。这里水源充足、植被丰富、水

黄河三角洲湿地（丁洪安　摄影）

文条件独特，海淡水交汇，形成了宽阔的湿地，浮游生物繁盛，极适宜鸟类聚集。这片新生的三角洲湿地是环西太平洋鸟类迁徙的中转站，是中国暖温带最年轻、最广阔、保护最完整的湿地。该湿地被《中国国家地理》“选美中国”活动评选为“中国最美的六大湿地”之一，位居第四名。

世界第一芦苇湿地——辽宁盘锦辽河三角洲沼泽湿地

辽河三角洲地处辽河、大辽河入海口交汇处，域内的双台河口（即辽河口）国家级自然保护区是目前世界上保存最好、面积最大、植被类型最完整的生态地块。其独特的地理环境，孕育了美丽怡人的湿地风光。这里有绵延数百平方公里、面积居世界第一的芦苇荡，有一望无际的天下奇观红海滩，有被誉为湿地之神的珍稀鸟类丹顶鹤、濒危物种黑嘴鸥等200余种候鸟。

区内世界最大的苇海，随着一年四季的变化向人们展示出各种不同的风采。当三月的春风退尽冰雪，冬眠的生命被轻轻唤醒的时候，尖尖的苇芽也耸出冰土开始吐绿泛紫，齐刷刷伸向天空；夏季的苇海，碧波万顷，一望无际；秋天的苇荡，在蔚蓝的天幕下，一阵金风吹过，腾起层层细浪，显现出绚丽的翠绿、紫红与鹅黄；到了冬天，苇荡银装素裹，雪层下，正慢慢地积蓄着抵抗寒冷和继续生存的力量。

太平洋西岸最大的湿地——江苏盐城自然保护区

江苏盐城自然保护区属滨海湿地，是中国最大的海岸带保护区，地处江苏省中部沿海，主要保护对象是湿地及丹顶鹤等珍贵水禽，主要湿地类型包括永久性浅海水域、滩涂、盐沼和人工湿地等，2002年被列入《国际重要湿地名录》。

保护区是生物多样性十分丰富的地区之一，截至2008年，区内有植物450种，鸟类379种，两栖爬行类动物45种，鱼类281种，哺乳类动物47种。其中，国家重点保护的一类野生动物有丹顶鹤、白头鹤、白鹤、白鹳、黑鹳、中华秋沙鸭、遗鸥、大鸨、白肩雕、金雕、白尾海雕、白鲟共12种。每年来保护区越冬的丹顶鹤达千余只，占世界野生种群的40%以上，所以这里有“丹顶鹤第二故乡”之称。

城市中的湿地——内蒙古包头南海湿地

包头南海湿地位于黄河北岸，是九曲黄河在包头的第二弯，黄河改道南移后，形成了湖泊和河漫滩湿地。湿地总面积1664公顷，北有青山辉映，南有黄河玉带环绕，融城市、黄河、湿地于一体，风景独秀，素有“塞外西湖”之美誉。在这样的自然环境中生长的野生植物有36科93属137种；栖息、停歇的鸟类有201种，有重点保护鸟类13种，包括珍稀鸟类遗鸥、黑鹳、大天鹅等。南海湿地是黄河湿地生态系统形成的缩影，其生态环境类型具有独特性，是包头市目前唯一的自治区级湿地自然保护区。该湿地紧靠着市区，对改善当地生态环境、调节气候、净化空气、美化和改良区域环境及维护生态环境安全具有十分重要的作用。

第二章

文化访古

重见天日的“东方庞贝”古城

4000多年前的青海省民和县、黄河边存在着一座城池，在这片冬无严寒、夏无酷暑的土地上生存的先民们，并没有发觉来自地层深处的不祥震颤。就在某一天的傍晚，灾难降临了，大地剧震，一条条裂开的地缝像巨蟒一样在黄土地上肆意横行，滔滔黄河水从地震的决口中倾泻而出，城中的人们想要逃走，却已经来不及……中国社会科学院考古研究所甘青队与青海省考古研究所联合发表的考古成果报告显示，青海省民和县喇家遗址完整保留了被地震、洪水毁灭瞬间的状态，那是一座真正的“东方庞贝”古城。

喇家遗址位于青海省民和县官亭镇，地处黄河北岸的二级台地上，面积约20万平方米。遗址主要为距今3500年至4000年前齐家文化的遗存，是新石器时代的大型部落遗址。喇家遗址保留了地震、黄河大洪水，以及山洪袭击的多重灾难遗迹，是目前中国唯一的灾难遗址，为2002年我国十大考古发现之一，其历史比意大利庞贝古城上溯了2000多年，被誉为“东方庞贝”古城。

黄河上游出现史前文明

喇家遗址地处青藏高原边缘，海拔相对较低，气候温暖，冬无严寒，夏无酷暑。村前舒缓流淌的黄河水在宽阔的河床流过，阶地上林木苍翠，麦浪起伏，是大西北少见的富庶之地。喇家村现在是一座约有 400 人的土族村子，村民们厚重的院墙就沉沉地叠压在古老的遗址上。在田地间和沟渠里，到处散落着新石器时代的陶片和石器，能让考古爱好者找到意外惊喜。

1999 年秋，考古学家在喇家遗址进行了一次小规模的试探性发掘，意外发现了一段深且宽的壕沟。据初步钻探和发掘推断，这是一处前所未见的齐家文化大型聚落遗址，面积在 20 万平方米以上。遗址内深埋着当时的一些房屋建筑，壕沟内外还有同时代的墓葬发现。专家们初步推断这里可能是一座史前时代的城堡。

在遗址东北角高地，发掘出 4 座齐家文化房址。这些房址都是半地穴形状，保存的墙面不高，地面都抹有白灰，这在当时应当是比较整洁的居所。这样的建筑在齐家文化中是再平常不过了，但让人感到惊奇的是，其中 3 座房址内都发现有可能是意外死亡的人类遗骸。在喇家遗址房址中发现的这些死者，死时姿态各异，年龄不同，以未成年者居多。类似这样的遗迹，过去在中国境内的发掘中还不曾见到，在国外也罕见。

在一座典型的齐家文化白灰面半地穴式建筑，面积约 14 平方米，平面为方形，门朝北开，中心有圆形灶址。14 具人骨一组组地呈不规则姿态分布在居住面上，有的匍匐在地，有的相拥而死。让人顿生怜悯之心的是处在东墙壁下的一对母子，母亲倚墙跪坐地上，右手撑地，左手将一婴儿搂抱在怀中，脸颊紧贴在婴儿头顶上，婴儿双手紧搂着母亲的腰部。这幕已封存了 4000 多年的悲剧，令人触目惊心。在其他不少房间里，都发现了母亲以身护子的场景，这是天灾，还是人祸？到底是什么原因夺去了这许多无辜的生命？

专家们考证房址内的遗存。首先，挖掘者发现，在泥层中夹杂着颗粒粗糙的沙石带。很快在房址的一角便显露出人骨，且掩埋人骨的主要成分不是红胶泥而是黄土！发掘结束后大家一致认定，掩埋尸骨的黄土和构成房屋的窑洞土层类似，这说明在灾难发生时，很可能是窑洞的垮塌先击倒了她们，后来才遭遇到了红胶泥的覆盖。那么，又是什么导致窑洞垮塌的呢？专家们发现了一个奇特的现象，在没有人类活动过的较深土层中，夹杂着一些陶器碎片，一些不同于周围土质的灰黑色沙石。专家们把这块区域清理之后，发现这是来自地面的一条裂缝，泥沙是顺着裂缝从地面上渗漏下来的。

这条地裂缝是怎样形成的呢？调查的结果令人惊讶，大量的地裂现象从喇家的房前屋后、荒山野地里被找了出来。专家们意识到现在的喇家正是建造在这些裂缝所编织的一张网上，而能够编织这张恐怖之网的力量，只能来自大地本身，也就是说地裂缝正是 4000 多年前大地震的遗迹。在进一步的观测当中，考古人员发现，有一些地裂缝中间填充的不是灰黑色的沙石，而是非常细腻的棕色的沙子，顺着这些裂缝往地面观测，出现裂缝越来越狭窄甚至闭合的现象。这就是说，裂缝不是来自地上，而是地下，沙子也不是从上方灌入，而是从地下喷出，一般来说，这种现象正是大地震才具有的喷沙现象。可以推测，这是一场足以吞没喇家村的大地震。

当4000多年前发生在喇家遗址上的这场灾难的秘密逐渐揭开的时候，喇家古文明消失的原因也就随之破解了，但整个黄河上游史前文明的衰落，是否也有相同的原因呢？喇家遗址提供了一个可供参考的证据，科学家们将在更大的范围内展开调查研究，以揭开这段远古历史的真相。

“东方庞贝”可能是座王城

在喇家村的田野中，散落着大量的陶片、石器，经考证这些文物的历史在4000多年以上。远古文明的遗迹吸引了众多考古学家的目光。在喇家村村民家中，几乎家家“收藏”有文物，陶器、石器等就放在家中不起眼的角落里，每当村中动土时，一般都会有文物出现，可村民们谁也不把这些东西当回事。

中国社会科学院考古研究所甘青队与青海省考古研究所使用磁力仪等现代化探测装置，对遗址进行了深入发掘探测，发现了5座房址遗迹和多件陶器、石器。考古成果显示，整个喇家村遗址经历了地震与洪水的双重袭击，造成了整个聚落的突然毁灭。考古专家在勘察中发现，遗址中存在着严重的洪水冲击现象，附近的地层中还发现了地震留下的裂缝和砂脉现象（一种地震常见现象），地层堆积中的灾难现象分层与地震、洪水灾害造成的地层现象吻合。这一考古成果解释了4000多年前这座原始城池突然毁灭的原因。

北京大学环境考古学专家夏正楷教授说，已发掘出的几座房址内都充填着大量棕红色黏土层，土层中还夹有波纹沙带，这都是黄河洪水泛滥的产物。当洪水到来时，汹涌的洪峰冲上河边台地，涌进了当时居民的半地穴式建筑，掩埋了滞留在房中的人。喇家遗址是一座“东方庞贝”古城。

在喇家村一农户家中，考古学家王仁湘意外地发现了一件大型石磬。40年前，村民在村北挖出了陶罐、玉刀等东西，玉刀、陶罐被别人拿走了，没人要的大石板被这家人背回家。这块石板长96厘米、宽61厘米、厚6厘米，两面琢平，一侧还有一孔，是仿制同时代长方形石刀形状制成的，敲起来乐音宏远深沉。王仁湘说，它是中国发现的最大的磬，堪称磬王。喇家村巨磬的发现，在很大程度上提升了遗址的等级，是遗址作为中心聚落乃至一个古国城堡的重要标志。

考古专家说，磬是一种礼乐器，“禹以五音听政”说的“五音”中就包括磬。金文等古籍的记述也表明，磬等乐器是王室、诸侯的专用重器。一些学者认为，鼍鼓、石磬等为社会高层所使用，是无上权威的象征。喇家村磬王的主人所拥有的应是君王的权威，遗址可能是一个王国或王宫。

“庞贝古城”的来历

庞贝是古罗马的一个城市。庞贝城是亚平宁半岛西南角坎佩尼亚地区一座历史悠久的古城，西北离罗马约240公里，位于意大利南部那不勒斯附近，维苏威火山西南脚下10公里处。西距风光绮丽的那不勒斯湾约20公里，是一座背山面海的避暑胜地，始建于公元前6世纪，公元79年毁于维苏威火山大爆发。庞贝在当时属于中小城镇，但由于被火山灰掩埋，街道房屋保存比较完整，从1748年起考古发掘持续至今，为了解古罗马社会生活和文化艺术提供了重要资料。

古城略呈长方形，有城墙环绕，四面设置城门，城内大街纵横交错，街坊布局犹如棋盘。据记载，庞贝古城是由奥斯坎斯部落兴建的，它曾是一座人口稠密、商旅云集的小城。公元前89年，庞贝城被罗马人占领，成为罗马帝国的属地。

公元79年8月24日，维苏威火山爆发，瞬息之间，火山喷出的灼热的岩浆遮天蔽日，四处飞溅，浓浓的黑烟夹杂着滚烫的火山灰，铺天盖地降落到这座城市，空气中弥漫着令人窒息的硫黄味。很快，厚约5.6米的熔岩和火山灰毫不留情地将庞贝城从地球上抹掉了。

随着岁月的流逝，庞贝古城渐渐淡出世界。1594年，人们在萨尔诺河畔修建引水渠时发现了一块上面刻有“庞贝”字样的石头。1707年，人们在维苏威火山脚下的一座花园里打井时，挖掘出三尊衣饰华丽的女性雕像。人们以为这些不过是那不勒斯海湾沿岸古代遗址中的文物，没有人意识到，一座古代城市此刻正完整地密封在他们脚下占地近65公顷的火山岩屑中。1748年，人们挖掘出了被火山灰包裹着的人体遗骸，这才意识到，公元79年维苏威火山的爆发掩埋了一座城市！

考古学家一层一层地挖开火山岩屑，深埋在地下的庞贝古城“出土”了。市场的角落里还有成堆的鱼鳞，庞贝人总是先将鱼清洗干净再出售；而酒吧的墙壁上仍写有“店主，你要为你的鬼把戏付出代价，你卖给我们水喝，却把好酒留下。”一户人家的后花园里种满了夹竹桃，厨房的铁炉上架着平底锅，餐桌上的鸡蛋旁放着一只小人玩偶。公元 79 年，一位庞贝人死在绘有植物花叶的壁画下，当人们于上千年后挖掘出他的遗骨时，同时发现那幅壁画上刻有一句铭文：“没有任何东西可以永恒。”——虽然地球史上每一次火山爆发无不令地貌沧海桑田，但公元 79 年维苏威火山的爆发却令一座城市获得了永生——庞贝无法躲过火山的劫难，但它被掩埋封存在渐渐冷却、凝固、变硬的火山灰中，最终竟躲过了上千年岁月的侵蚀。

突发的灭顶之灾使庞贝的生命倏然终止，它在被毁灭的那一刻也同时被永远地凝固了。庞贝因此得以成为我们今天还能领略到的最伟大的古代文明遗址，这处遗址的最动人心魄之处在于：它真实地保留着灾难来临前庞贝人的样子。竞技场能容纳两万观众，这说明庞贝人会在一个时刻倾城而出；30 家面包烘房，100 多家酒吧， 3 座公共浴场，用于交易的步行街，可容纳 5000 人的剧院；而在街道边的小酒馆里，墙上画的酒神浑身挂满葡萄，每一颗果实都饱满得仿佛就要胀破皮。羊毛作坊、商店、印染店、客栈的墙壁上，到处都留有庞贝人纵情情感的印记：“啊，杰斯，愿你的脓包再次裂开，比上次疼得还要厉害。”“无疑，我心爱的人曾在此与她的情人幽会。”庞贝人奔放的个性和整座城市欢愉的风情令 1000 多年后的人类为之倾倒。德国诗人歌德看见庞贝后说：“在世界上发生的诸多灾难中，还从未有过任何灾难像庞贝一样，它带给后人的是如此巨大的愉悦。”而法国历史学家泰纳从庞贝归来后感叹道：“那时候的人，是用整个身体活着。”

“尽情享受生活吧，明天是捉摸不定的。”庞贝古城出土的一只银制饮杯上刻着这样的话，相信刻出这句话的庞贝人并不知道死亡在即。这只银杯被挖掘于存放葡萄酒的房间内，同时被挖掘出的还有横陈在酒杯旁的一具女性的遗骸。这就是庞贝，它以瞬间痛苦的毁灭为代价，穿越了千年的时空，告诉世人为什么要尽享生命之欢乐。

如今的庞贝古城已被联合国教科文组织定为世界文化和自然遗产，游客们称这里是“天然的历史博物馆”，它每天吸引着数以万计的来自世界各地的游人们来这里参观。我穿梭在古城废墟的大街小巷，进出于半毁的民宅、别墅、贸易市场、商铺、面包房、温泉澡堂、仓库、剧场、斗兽场、运动场等地，不觉心潮起伏，浮想联翩。

中国青海省民和县官亭镇黄河二级台地发掘出的喇家遗址考古表明，它与意大利庞贝古城的消失有着同样的命运，因此被称为“东方庞贝”古城。

遥远的大地湾

大地湾遗址位于甘肃省秦安县城外约40公里的地方，1958年发现，经科学家用碳的放射性同位素测定，遗址的年龄距今约7800年。

大地湾遗址是仰韶文化的先驱。它是甘肃首次发现的新石器时代的早期文化，也是目前发现最西边的新石器时代的早期遗存。不仅发掘规模之大在全国罕见，而且对研究中国古人类活动，特别是对研究中国古文化的形成，提供了科学丰富的资料。所以大地湾遗址是20世纪70年代中国十大考古收获之一。

大地湾遗址的发现，给历史传说以出处。大地湾古人类历史群，占地面积110万平方米，是比半坡遗址还早的新石器早期的人类遗址。遍布台地的半地穴建筑、地上群体建筑，特别是占地600平方米的超大型议事厅建筑，窑地、墓葬，钵、罐、盆、碗、彩陶器、刀、斧、铲、砍石器、地画和灰泥，是远古文化最富智慧的制作，是先民如日中天发展的礼赞。这正和三皇时代同期，或可说是伏羲部落与传说吻合，是其发端于此的实证。伏羲部落把它的辉煌珍藏于地下，而今尽数将这一民族起源的真相昭示于后人。

经考古专家20多年发掘、整理和研究，甘肃秦安大地湾遗址考古获得一系列重大成果。主持考古发掘报告的甘肃省文物考古研究所郎树德副研究员说，大地湾刷新了 6 项中国考古之最，它对研究黄河流域新石器时代文明的历史进程，乃至华夏文明的起源都具有十分重要的意义。

中国最早的彩陶

陶器的发明是新石器时代文化的主要内容。陶器极大地改善了原始人的生产生活，人们用它来烹饪、饮食、汲水、储藏等。在大地湾遗址中出土的文物陶器最多，品种有汲水用的、储物的、做饭的、盛食品的、供奠品的。形状有圆底盒、小口瓶、漱口钵、三足钵、三足罐、圆底碗、尖底瓶、四足鼎、平底斧等，条形盘和深度罐是首次发现的仰韶文化器形。遗址中还发现了用陶片打磨成的纺轮，说明当时已有原始纺织技术。值得注意的是，遗址中还发现了大量的彩陶制品，上边绘有图案，多呈棕色或紫褐色。早期以绘有变体鱼纹和斜三角夹平行线纹图案为主，中期以半圆纹、变体、鱼与鸟相结合的花纹为主，晚期以变体蛙纹、二纺连续旋纹为主，这是大地湾陶器独有的特点。还出土了全国几种少有的彩陶，现为甘肃省博物馆一级藏品：一是圆底鱼纹彩陶盆；二是人头形器口彩陶瓶；三是四虎护鱼纹壶，腹部一侧绘二虎凝目对峙，另一侧绘二虎仔相互嬉闹，生动有趣，动态感强。大地湾遗址和两河文明陶器大概在同一时期，所以大地湾遗址彩陶是中国乃至世界上最古老的彩陶之一。

研究大地湾文化逾 20 年的甘肃省文物考古研究所郎树德副研究员，最近在他主持完成的正式考古发掘报告中明确提出，大地湾一期出土的成批彩陶以不容置疑的事实说明，中国彩陶并非受西方彩陶影响而产生，而是起源于西北黄土高原地区。

20世纪20年代，瑞典人安特生根据自己对中国西北甘肃省和青海省等地的考古调查，将中国彩陶与东南欧及中亚一带文化进行了简单类比，得出“中国彩陶源于西方”的错误结论。苏联学者瓦西里耶夫等根据一些考古资料随后也曾提出“中国文明西来说”的观点。但是这些谬说被中国新石器考古，尤其是大地湾考古的新发现所推翻。

大地湾遗址迄今共发掘出4147件陶器，而且发现了35座用于制陶的窑址。其中距今约8000年的大地湾一期文化遗存中出土了三足钵等200多件彩陶，是我国境内迄今为止发现时间最早的一批彩陶。

虽然这些陶器类型简单，几乎还谈不上什么图案，烧制温度不高，陶片分层，色彩不均匀，显示当时制陶方法原始，烧制技术还较落后，但正是这些彩陶制作技术的原始性和诸多窑址所显示的生产流程的完整性，恰好说明了我国彩陶起源于本土。

到距今约6000年的大地湾二期时，彩陶制作技术已突飞猛进。二期出土的人头形器口彩陶瓶，通高31.8厘米，瓶口是一个罕见的人头形状的雕塑，是集多子、孕育、供给、庇护等特征于一体的母腹形象，寄托了人们对孕育新生命的祝福。整件陶器融造型、雕塑、彩绘艺术于一体，被专家们确认为迄今为止我国史前雕塑艺术的代表性作品之一。同期还出土了一套成系列的彩陶圆底鱼纹盆，其花纹依时间顺序依次为写实的鱼纹、抽象的鱼纹和变形的鱼纹。其中一件鱼纹盆直径达51厘米，是目前国内发现的直径最大的鱼纹盆。这些出土文物表明，大地湾先民不断对彩陶制造和装饰技术进行探索，清晰地显示出大地湾彩陶的本土性和原创性。

考古工作者研究大地湾一期出土的陶器和窑址等实物资料后发现，8000 年前后的大地湾先民采用了一种“内模敷泥法”，是我国迄今为止发现的最早制陶方法之一。考古学者们还一致认定，鼎盛时期的仰韶彩陶文化也起源于大地湾彩陶。

郎树德指出，大地湾一期彩陶出现的时间，与世界上最早出现彩陶的两河流域及其他几个文明古国的时间是同步的。这种时间上的同步性以及新的考古研究成果，都为“中国制造”提供了铁证。

中国最早的绘画

在大地湾遗址中编号为 411 房屋的遗址内，发现了一幅地画。地画长 1.2 米，宽约 1.1 米，是用炭黑作颜料绘制而成。地画正中绘一身躯宽阔、姿态端庄的男子形象，他两腿交叉直立，似行走状，左臂向上弯曲至头部，右臂下垂内曲，手中拿着棍棒。左侧的人物，头近圆形，身体细长而略弯曲，腰细，胸部突起，为女性，她两腿也相交直立，似行走状，左臂弯曲上举过头部，右臂下垂，手中拿着器物。地画下部略向右上方，绘一斜形黑线长方框，框内画着两个头向左的动物。长条形身躯上有弧线斑纹，身体的上侧有向不同方向弯曲的四条腿，身体的下侧有四条向前弯的腿。人物图案的左下方，还绘有一“丁”字形的图案。据考古确定，这幅图距今约 5000 年的历史，是迄今为止已知我国最早而且保存完好的绘画作品，对研究中国画的起源和原始社会的绘画艺术具有重要的学术价值。

中国文字最早的雏形

截至1994年年底，大地湾遗址已出土房址238座，灰坑237个，墓葬79座，窑坑38个，灶台106座，防护和排水用的壕沟7条，各种骨、石、陶器、装饰器和生活器物8034件，遗址总面积32万平方米。有关专家测定，这片遗址最早的有8140年历史，最晚的有4800年历史。

大地湾遗址器物上的记事符号多达10余种，其中有似水波纹形，似植物叶脉，以直线、曲线相交的“个”“亻”等形纹，是中国文字的祖先，早于陕西半坡、山东大汶口象形文字1000多年，更早于甲骨文，为研究中国古代文字的形成和发展提供了更新的资料。

中国最早的旱作农作物标本

在大地湾遗址的灰坑中，采集到了碳化的植物种子，经鉴定分析有两种：一种是禾本科的素子、黍子，俗称糜子，是中国最早的旱作农业植物，最古老的粮食作物；另一种是十字花科的油菜籽，比陕西半坡出土的油菜籽要早近千年。这两种作物是当时人们栽培的作物。以此确定，以大地湾遗址为中心的清水河谷，是中国最早的粮食和油料作物的种植地，是中国旱作农业黍、稷的发祥地，是中国农业文化起源地之一。

中国最早的宫殿式建筑

距今约5000年的大地湾四期文化发掘出的一座编号为F901的建筑，是目前为止我国史前时期面积最大、工艺水平最高的房屋建筑。这座总面积420平方米的多间复合式建筑，布局规整、中轴对称、前后呼应、主次分明，开创了后世宫殿建筑的先河。

大地湾遗址中有一座被专家们形象地称为“原始人大会堂”的巨型建筑，按照当时发掘的顺序编号为F901。

亲手发掘了这座神奇建筑的郎树德说，F901是大地湾240座房址中最神奇和最伟大的建筑，规模巨大、结构复杂。整座建筑总面积达420平方米，由前厅、主室、后室、左侧室、右侧室及门前棚廊式建筑等六大部分组成。F901主室的正门朝正南方向开设，望山背水；房屋结构以中轴为准左右对称，这些均成为中国后世土木建筑所遵循的基本规律。支撑建筑的所有木柱均以石头为基础；主室8根大柱将空间一分为九，这些建筑技术均开创了我国后世宫殿建筑的先河。F901共有142根木柱用以坚固墙体，支撑整座建筑，其中中心大柱的直径在50厘米左右。据古建筑专家推测，整座建筑的高度在6～7米，相当于今天的两层楼房。现在，站在修建了大型保护建筑的大厅里，还可以清晰地看到大会堂四周的墙体残垣和立柱痕迹，最高的墙体居然有1米多高。在距今5000年左右的新石器时代，人类刚刚告别穴居，没有金属工具和先进的搬运吊装器械，人们是如何完成这一高层豪华建筑的，至今无人能解。

中国最早的“混凝土”地面

面积达 130 多平方米的 F901 宫殿式建筑主室，全部为料礓石和砂石混凝而成类似现代水泥的地面，这与古罗马人用火山灰制成的水泥同属世界上最古老的混凝土。

在面积达 130 多平方米的主室，地面由一种类似于现代水泥的混凝土铺成。在 F901 主室西北侧，可以看到一块清理出来的一平方米左右的青黑色混凝土地面，这是考古工作者特意留置的。

敦煌研究院文物保护专家李最雄，综合国内外著名水泥专家和材料分析专家的意见后确定：地面平均强度为每平方厘米抗压 120 公斤，相当于今天的 100 号水泥砂浆地面；可以断定，这是目前世界上最古老的混凝土。考古发掘表明，大地湾其他房址也大量存在混凝土地面。这说明混凝土技术已被 5000 年前的大地湾人熟练掌握和广泛使用。至于那时所使用的混凝土技术是在何时发明，到底由什么材料组成，又如何制作，尚不得而知。

从宁夏灵武市东35公里的黄河横城古渡乘船东行，放眼望去，长城犹如一条匍匐在沙丘上的巨龙，逶迤西下，消失在浩瀚的毛乌素沙地之中。这里接近鄂尔多斯台地的南部边缘。在长城西南与长城并行的水洞沟北面的一处断崖，就是举世闻名的宁夏古人类文化发祥地——水洞沟遗址。

寻探水洞沟遗址

水洞沟遗址，是远古人类生活繁衍同自然界搏斗的历史见证。它蕴藏着丰富而珍贵的考古资料，向人们展示了距今3万年前“宁夏人”生存场景的一幅生动的画卷。

古人类生存的画卷

一位考古专家介绍说，3万年以前，水洞沟一带的自然景观近似现在的热带地区，气候温暖湿润，为古人类生存提供了优良的环境。当时居住在这里的水洞沟人，尚处于原始群居阶段，他们手持棍棒和石器，到湖边、草原上去狩猎。狩猎后，大家就围坐在一起，点上熊熊篝火，在火上烤食起来。灾难突然降临了，连绵的暴雨使湖水骤然上涨，惊慌失措的水洞沟人来不及拿走工具，就匆忙地逃离了住地。后来，湖水和河流淤积的泥沙把这里的一切深深地掩埋下来。又不知经历了多少年，洪水所带来的沉积物越积越厚，以致填塞了整个湖泊。然而，在它上游的一条小河却不愿停息，终年流淌。每当洪水泛滥时，巨大的能量将这淹没的湖泊冲刷出一条深沟。今天看到的水洞沟遗址，正是在一条小河北侧高约 8 米的断崖上。

水洞沟遗址是如何被发现的呢？宁夏的一位考古专家介绍说，1919 年，有个比利时人由银川出发前往陕北，在途经这里的时候发现了一处断崖上有奇异的现象。1923 年，法国神父、古生物学家德日进来到水洞沟开始发掘，并首先在国外公布了这一发现。新中国成立后，许多学者、科学家多次对这里进行考察。著名的古生物学家、考古学家裴文中、贾兰坡先生，曾数次到水洞沟考察发掘。经过这些科学家们的辛勤工作，发掘出大量的打制石器，发现了古人用火的痕迹和伴随古人类的丰富的古生物化石。

考古专家说，在水洞沟断崖的下部，仔细寻找便可以发现石器、石片、骨骼和灰烬。石器是用十分坚硬的硅质灰岩打制而成的，说明当时水洞沟人已掌握了比较先进的打制技术。他们根据生活需要，打制出各种用途的石器，如制成一侧或两侧有刃的“刮削器”、一端锐利的尖状器，还有沉重的砍伐器。他们制造的石器器形稳定、左右对称。特别是尖状器，在国内同时代的其他遗址中实为罕见，属水洞沟具有显著特征的器形之一。更具重要意义的是，在水洞沟遗址中有稍加磨制穿孔的鸵鸟蛋皮饰物和骨锥、穿孔海甜等器物，这标志着人类历史上石器制造方法有着划时代意义的磨制技术已处于萌芽之中。

水洞沟古人类文化遗址，已被列入全国重点文物保护单位。

明代军事立体防御体系

水洞沟旅游区有 3 公里长的芦花谷，谷中湖泊面积近 30 万平方米，碧绿的湖水，绿波荡漾，在游船上观赏雄伟的古长城，别有一番情趣。

水洞沟遗址旅游区内明代军事立体防御体系区是由明长城、藏兵洞、边沟、大峡谷、红山堡、瓮城等共同构成的。

旅游区的明长城为土夯长城，是宁夏回族自治区境内保存相对最完整的一段长城遗址。明长城东起鸭绿江畔辽宁虎山，西至甘肃嘉峪关，全长 6350 多公里，在宁夏回族自治区境内分布有北长城、西长城、东长城。

在水洞沟景区看到的是东长城，起自黄河东岸的横城，经宁夏回族自治区灵武、盐池两市县，入陕西省定边县。

据考古专家说，明代在这一带筑长城时，就地取材，多用黄土夯筑。其夯筑时通常沿清水河而筑，那样取水更为方便，其靠近黄河处，即就近取用黄河水，黄河水本为紫铜色，长城及其他设施筑成后，呈现紫色，故又有“紫塞”之称。“紫塞”蜿蜒于岗峦层叠和山涧沟壑之中，似巨龙起伏，蔚为壮观。

水洞沟遗址旅游区内还保留着一段水岸长城。长城在修建的时候大都是依山傍水、就地取材，这也是水洞沟遗址旅游区的一大独特的亮点。

从水洞沟到红山堡之间，有长约 4 公里的峡谷，本是大自然的“杰作”，但明代时，这又成了长城“深沟高垒”防御体系的重要组成部分。峡谷两岸经常年的风雨剥蚀，谷内怪壁峭立，沟壑纵横，深厚的黄土经长期的雨水冲刷，土柱突兀壁立，造型奇特，形成了土林。土林又经大自然鬼斧神工般地雕琢形成千奇百怪的形态。有的像僧人登高远眺，似在期待来者；有的宛如一对恋人，相亲相依；有的如夫妻相敬，双方对拜；也有的如怪狮猛兽，雄踞怒吼。林林总总，各具形态，给人以无尽的遐想。

在峡谷中行进还可看到悬崖上的一个个黑洞，导游说，那就是著名的藏兵洞，是红山堡守军由地上转入地下，设伏兵的地道。这在全国来说也是唯一保存最为完整的古代立体军事防御体系，是我国最早的地道战遗址和原型。

藏兵洞蜿蜒曲折于崖壁之中，上下相通，左右相连，洞中分叉颇多，左盘右旋，久久不见尽头，确如迷宫，对洞内情况不熟的，一般很难走出去。洞中除洞道外，左右辟有土屋，可以住人，大约是专供领兵长官住的。洞内还设有粮食储藏室，有水井、灶房等，只要储藏够一定量的食物，在相应的一段时间内，洞内所藏将士不出洞，照样可以生存。因藏兵洞高出沟底十多米，多年来藏兵洞都不曾被水淹过。

从藏兵洞出了洞口，就是红山堡。据说藏兵洞有三条通道可以进入红山堡，这只是其中的一个洞口，其余的两个洞口至今还没有找到，可见当年在这个立体防御体系中，上下连通、来往是多么的便捷。

红山堡因位于红山地区而得名，它是明代长城防御体系中的一个城障，为正方形，边长均为300米，设东门一道，有瓮城，门向南开。墙高8米，底宽7米，顶厚4米，是按照明代长城沿线70里一城、30里一堡的防御体制设置的。

红山堡及其他城障之北的长城基部，一般都设有暗门（类似城门的拱形小券门）可使长城内外相通，由戍军把守，按照规定开启。除此之外，明代在修筑长城时，还于长城内侧每5里筑有一座烽火台，红山堡属下有4座，即安边墩、大莺墩（此墩处的长城上有暗门）、镇罗边墩、窑儿边墩。烽火台为黄土夯筑，也称烟墩、烽台、烽燧、烽堠、狼烟台，俗称“烟火墩”。这种墩台，长城上也有设置，专用以军事报警，白天燃烟，夜间举火，依次燃放，这样军情很快就可传报到镇或州所。这种古老的报警方式，被誉为“世界上最早的无线电”。

2007年宁夏回族自治区文物考古研究所对红山堡东北角和瓮城进行了考古调查、发掘。从红山堡内发掘时保留的剖面，能清楚地看到当时守军堡寨的房屋基址、用火痕迹、动物遗骸，另外还出土了石磨盘、行军锅、旗墩、缸等物品。这些物品充分说明了当时在红山堡的守军的后勤也是自给自足。

但令人惊奇的是，在水洞沟通往红山堡的峡谷之中，却有一座曲折蜿蜒、幽深莫测的山中迷宫——明代藏兵洞。

藏兵洞连接红山堡大峡谷与红山堡城障，是一座建立在山体当中的军事防御工事。它建于何时，还没有确切记载，但从藏兵洞遗址清理出来的钱币当中最近的一枚是“顺治通宝”看，足以说明在清代的顺治年间，藏兵洞及相邻的红山堡还有驻兵。

中国史前考古的发祥地

水洞沟是中国最早发掘的旧石器时代遗址之一，1988 年被国务院公布为“全国重点文物保护单位”，它被誉为“中国史前考古的发祥地”。这里蕴藏着丰富而珍贵的史前资料，被列为国家“十一五”文物保护规划重大遗址之一。它向人们展示了距今 3 万多年前古人类的生存画卷，是迄今为止我国在黄河流域唯一经过正式发掘的旧石器时代遗址。80 多年来，经过 5 次考古发掘，在水洞沟出土了 3 万多件石器和 67 件古动物化石。其中构成水洞沟文化基础的一些石制品、工具及石器制作修理技术，可以和欧洲、西亚、北非的莫斯特、奥瑞纳时期人类栖居地的石器相媲美。尤其是这里出土的大量勒瓦娄哇石核，与欧洲相当古老的奥瑞纳文化形状接近。对这种地区相隔遥远、文化雷同的现象，外国著名考古专家认为是人类“大距离迁徙的同化影响”。

2007 年的考古发掘中，这里出土的文物除石制品、动物碎骨和用火遗迹外，尤其重要的是还出土了近百枚精美的环状装饰品。装饰品以鸵鸟蛋皮、骨片为原料，圆形，其外径一般在 8 毫米左右，用琢制和磨制相结合的方法做成，中间钻小孔，孔径一般在 2 ～ 3 毫米，个别的有 4 毫米，有的表面还被矿物质颜料染过色。完整、残缺、成品、半成品各种类型都有发现。这些装饰品小巧、规范，是目前在我国发现的旧石器时代同类遗物中制作最为精美的，极大地丰富了水洞沟文化的内涵，为研究当时人类的生产力水平、行为模式和审美能力提供了重要的信息。水洞沟遗址所代表的文化，在阐述区域性石器技术传统的成因、远古文化的发掘和变异，以及古人在东北亚的迁移、扩散和交流具有重要地位，对3万多年前东西方文化的比较研究具有十分重要的意义。

时光有时会埋没一切，时光有时亦会重现一切。直至目前，水洞沟依然是宁夏回族自治区已知最早的人类文化遗址，随着考古发掘技术的不断进步和对其研究的持续深入，相信新的发现将会更多。

贺兰山下西夏陵

西夏陵位于距银川市老城区 40 公里的贺兰山东麓。西夏是 11 世纪至 13 世纪以党项族为主体建立的地方羌族政权。西夏王朝（1038—1227 年）从李元昊始，传 10 主，历时 190 年，建都兴庆府（今宁夏银川），最盛时期辖 22 州，包括今宁夏回族自治区、陕北、甘肃省西北部、青海省东北部和内蒙古自治区一部分地区，留下了丰富的文化遗产，西夏王陵就是一处具有民族特色的古墓遗址。

据专家介绍，西夏是唐宋以后唯一没有留下完整历史典籍的，也是所谓“历史缺失”的王朝。1227 年，蒙古大军在攻克西夏国首都银州时遵循成吉思汗的遗命，对之实行了毁灭性的屠城和焚烧，使一朝古国的文明灰飞烟灭，直到如今，对西夏国的研究很大程度上要依靠俄罗斯等国的资料。西夏，它的兴盛与衰变，留给我们大家更多的是“谜”。

风水宝地藏奇陵

贺兰山下一马平川，地势雄伟，视野开阔，被誉为风水宝地，西夏王陵建在这里可谓“头枕贺兰山，脚蹬黄河”，依山面河，吉利风光。说起西夏王陵的兴建，还有一段传奇故事。

传说西夏开国皇帝景宗李元昊残暴多疑，杀人成性，所以生怕死后被人开陵暴尸泄愤，就想方设法隐蔽陵墓真址。他想出一个孬点儿，下令在一年之中每天都为他建造一座陵墓并送葬一次，这样一年之中就建造了300多座陵墓，人们就把这些陵墓统称为“昊王陵”，这样便很难分辨出究竟哪一座是他的陵墓。

传说只是人们的一种想象，而考古学家的科学考证则揭开了这个传说的真面目，确认这个陵墓群埋葬的并非李元昊一人，而是西夏王国9位君主的皇陵和200多座王公贵族的陪葬墓。考古学家推测9座皇陵分别是太祖裕陵、太宗嘉陵、景宗泰陵、毅宗安陵、惠宗献陵、崇宗显陵、仁宗寿陵、桓宗庄陵、襄宗康陵。每座王陵都筑有高耸的锥形陵台，远远望去，如同古埃及的金字塔一样，所以被称为东方金字塔。还有人把西夏王陵概略为三奇：一为仿效都城，气势恢宏；二为陵内建塔，佛光

西夏王陵（黄宝林　摄影）

护佑；三为古今迥异，各有千秋。

夯土堆起“金字塔”

西夏陵布局奇特，别具一格，一座座八角形陵台是西夏陵的标志。每座帝陵陵园均是一个完整的建筑群体，占地面积在10万平方米以上，陵园坐北朝南，平地起建。高大的阙台犹如威严的门卫，耸立于陵园最南端。碑亭位于其后，置放着用西夏文、汉文刻制的歌颂帝王功绩的石碑。碑亭后是月城，南墙居中为门阙，经门阙入月城，放置有文官、武将的石刻雕像。月城之北是陵城，陵城南神墙居中有门阙，经门阙入陵城，陵台偏处陵城西北，为塔式建筑，八角形，上下各分为五级、七级、九级不等，外部用砖包砌并附有出檐，为砖木瓦结构。陵台是陵园中的主体建筑，在中国古代传统陵园建筑中，陵台一般为土冢，起封土作用，位墓室之上。但西夏陵台建在墓室北10米处，不具封土作用，其形状呈八边的五级、七级、九级塔式，底层略高，往上层层收分，为夯土实心砖木混合密檐式结构，且偏离中轴线矗立，这在中国建筑史上是史无前例、绝无仅有的，是党项族的创造。塔式陵台前有献殿，用于供奉献物及祭奠。陵台至献殿有一条鱼脊梁封土，封土下为墓道。帝陵墓室在墓道北端，位居陵台南10米处，为三室（主室，左、右耳室各一）土洞式结构，墓室四壁立护墙板，墓内有朽棺木，为土葬。陵城神墙四面居中有门阙，神墙四角有角台，表明了陵园的地界。有的帝陵还圈有外城，有封闭式、马蹄式和附有瓮城的外城。建筑学家称，从西夏陵的建筑看不仅吸收了唐宋陵园之所长，同时又受佛教建筑的影响，将汉族文化、佛教文化和党项族的民族文化三者有机地结合在一起，构成了我国陵园建筑中别具一格的形式，它不仅是西夏皇权的象征，而且凝聚着中华民族的伟大创造。

建筑学家还特别称赞了西夏陵的建筑技术，称西夏陵的兴建是西夏建筑业发展的重要标志，特别是夯土技术堪称一绝。西夏陵的夯土工程约占工程总量的一半，而夯土部分则是陵墓各类建筑中保存最好的，这些建筑夯土历经数百年风雨洪水的侵蚀依然十分坚固，令人叫绝。

据专家解析，西夏陵的夯土主要原料为黄土，辅助原料是砾石。黄土是经过筛选的黏黄土，土质纯净，颗粒均匀细腻，轻碾后成细粉状，土色纯黄，黏性好，不易透水；砾石的颗粒大者在 10 厘米至 12 厘米，小者在 1 厘米至 2 厘米。黄土和砾石按一定比例掺配后使用，具有坚硬、牢固、基础稳定的优点。为解决黄土夯筑的土墙防雨水和潮湿问题，又在夯土的外层包砌条砖，或在黄土的外表涂敷一两层红泥皮和白灰等保护层。在夯土中还采用木骨技术，类似现代钢筋混凝土中的钢筋，从而增强了夯土在整体结构中的作用，可谓费尽心血。

战乱洗劫帝王陵

西夏陵是如何被破坏的，虽然史书无记载，但一般都认为是遭受战争的洗劫而毁的，特别是蒙古军的破坏。

自 1205 年至 1227 年，蒙夏战争长达 22 年，成吉思汗亲征 4 次，西夏采取一打就降、一撤就反的策略，使蒙古军难以应对。

蒙古军在西征花剌子模时要求西夏出兵援助，被夏主拒绝；同时西夏乘机联合漠北未被蒙古军征服的部落蓄谋抗蒙。当蒙古征服花剌子模后，1226 年春，成吉思汗亲自挂帅领兵 10 万与西夏交战，遭到了西夏的顽强抵抗，在攻打外围各州的过程中，蒙古军损失惨重，战争一直进行到 1227 年的夏天。蒙古军围攻兴庆府（今银川市），围困月余，多次猛攻不能得手，就引黄河水灌城，城中居民被淹死者无数，城墙倒塌，河水决堤四溢，蒙古军也被水淹。蒙夏战争进行得极为艰难，成吉思汗本人也在战争中受伤，医治无效而亡。当西夏投降蒙古后，蒙古军大肆复仇，踏平西夏都城，砸碑、焚烧陵园。西夏被灭后，陵园无人管理，屡遭盗挖，只剩下高筑的黄土台默默地屹立于贺兰山下。

荒漠湮没的统万城

统万城遗址（黄宝林　摄影）

统万城遗址位于陕北靖边县北60公里的红墩界镇白城则村，地处鄂尔多斯高原毛乌素沙地南缘黄河支流无定河北岸，是大夏国建都的地方，也是我国境内唯一的匈奴城、沙漠故都。历时1500多年，如今断壁残垣犹在，城的轮廓依然可见。

赫连勃勃兴衰存亡统万城

统万城的创建人是赫连勃勃。据史书记载，此人身材高大魁伟，聪明而且残暴，有着传奇的身世。他原本是匈奴铁弗部人，因其父西单于刘卫辰被北魏所杀，他便南逃投奔后秦，秦王姚兴对他很器重，任命他为安北将军，镇守朔方。赫连勃勃掌握兵权之后则反目相待，脱离后秦，于东晋义熙三年（407年）自立为夏王，不久便南下攻取秦岭北诸城，又西吞南凉，从此一跃成为十六国之一的北方强国。极盛时，疆域涵盖陕北、关中、内蒙古河套地区、甘肃东南部、山西西南部、河南西北部等地。

赫连勃勃随着其势力的不断扩大，于龙升七年（413 年），即他称帝的 6 年后，便在其势力中心，动用 10 万民夫，大兴土木，修建都城，历时 6 年，至真兴元年（419 年）建成，命名为“统万城”，意为“一统天下，君临万邦”。统万城城廓宏大，建筑奇特，城内人口约七八万人，曾轰动一时。

南北朝夏承光元年（425 年），赫连勃勃病死于统万城，其子赫连昌继位。北魏始光元年（424 年），魏世祖拓跋焘攻占统万城，大夏国亡。当统万城在这里巍然崛起的时候，它一直是北魏拓跋焘的一颗眼中钉，决心除之而后快。但由于知道城坚难攻，一直未敢轻犯，直到赫连勃勃死后，才率大军攻至统万城下，甚至“焚其西门”，结果还是没有攻开，不得不向他的将士叹惜说：“统万城未可得也，他年当与卿等取之！”又过了三四年，他采取“分军埋伏于深谷”，用少数人埋伏城下“引蛇出洞”，激战于城外，终于取胜。当拓跋焘最后拿下统万城的时候，才踌躇满志地说：“古人有言，在德不在险，屈丐蒸土筑城而朕灭之，岂在城也。”话虽是这么说，可他并未忘记为了攻占这一座城池，他兴师动众，亲自督战，曾马蹶而坠，差点儿被夏军俘虏之事。

统万城在魏时虽有破坏，但基本上还保持着原貌。而彻底被破坏，则是在北宋年间。当时西夏国王李继迁统治着这个城池及银州一带，屡屡侵扰延州和关中，994 年，宋太宗赵光义在打了一次大胜仗后，为根除后患，才决然下令让军队拆毁了城池。大概是由于城廓太坚固，拆后仍留下了断壁残垣……

奇特建筑惊世人

《续世说·太侈篇》记载：“夏世祖性豪侈，筑统万城高十仞，基厚三十步，上广十步，宫墙高五仞，其坚可以厉刀斧，台榭壮大，皆雕镂图书，被以衣绣，穷极文彩。魏主入其城，顾左右曰：‘蕞耳之国而用民如此，欲不亡得呼！’”

《资治通鉴》记载：“夏王勃勃大赦，改元凤翔。以叱干阿利领将作大匠，发岭北夷夏十万人，筑都城于朔方水北，黑水之南，勃勃曰：‘朕方统一天下，君临万邦，宜名新城曰统万。’阿利性巧而残忍，蒸土筑城，锥入一寸，即杀作者而并筑之。”

这两段记载生动描述了建统万城的历史背景、城廓概貌、建筑技术及残暴的监管验收举措。

统万城不但布局设计巧妙，构筑技术也很独特。整个轮廓由外城、内城多重的城堡工事构成，内城又分东城、西城，即由东往西依次为外郭城、东城和西城，当地百姓称之为头道城、二道城、三道城。外郭城周长 4969 米，它是居民集市聚集地。内城南北向城垣分隔为二。东城是公廨衙署集中地，西城为皇城。东城周长 2566 米，西城周长 2470 米。西城四角均有突出城外的方形或长方形墩台，其中以西城东南角墩台最为高大，现存高度达 31.62 米。

统万城城池坚固，牢不可破，城墙上建有稠密的马面战略防御设施。东城马面 22 座，由于西城是中央政权所在地，马面多达 38 座。马面均高于城墙数米以上，当敌人攻城时可以从其后射击，使敌人攻不到城下。特别是西城西南角那个马面高出南墙达17米，中空，俯视呈方形竖井，内壁光滑陡直，无门洞，南北壁面有檩洞和楼残迹，推测可能是由顶部边缘搭木梯上下出入。专家考证说，这种马面即史书记载的“崇台秘室”。这在中国建筑史上也是罕见的。

统万城的筑城技术工艺更令人称奇，不论城垣还是马面，均用苍白色土经锅蒸后再板筑夯实而成，老百姓称之为“白城子”。其建筑材料主要是石灰、石英砂、白黏土，类似现代建筑广泛使用的三合土。监工检验更是严酷无情。据史书记载，统万城的修筑是由赫连勃勃的亲近大臣叱干阿利负责的。此人性情残暴，巡查工程时检验十分严格，每夯筑一段，即检验一次。凡用铁锥能刺进一寸，施工者即被斩首，尸体亦被筑入城墙内。城内的宫墙亦仿效此法，墙体坚硬得可以磨刀斧。所以，城池虽为土质，却坚硬如铁，这也可说是统万城遗址仍在的主要原因。又据史书记载，宫内所有堂殿均“饰以珍奇”“台榭高大，飞阁相连，皆雕镂图画”。宫殿还有“温宫”的美称，“中无夜之殊，阴阳迭更于外，而内无寒暑之别”。由此可见宫殿区之豪华壮丽。

专家解析环境变迁

据史书记载，赫连勃勃在统万城建立大夏政权的时候，曾赞美此地“美哉斯阜，临广泽而带清流，吾行地多矣，未若斯之美。”可见当时这里是山清水秀，林草丰美，景色宜人。那么后来为何又变成了沙荒之地呢？

新中国成立后，国内外考古、史学、地学、生态学等有关学术界人士都十分关心统万城一带的环境变迁，深入现场，考察、解剖、论证、探讨这个问题。据《中国国家地理》杂志撰文称，首先提出这个问题的是北京大学著名历史地理学家侯仁之先生。20 世纪 60 年代初，他曾带领几位年轻学者考察了这个沙漠中的古城，认为统万城在建造之时，这一带非但不是沙漠，而是一个水草丰美、景色宜人的地方。统万城在唐代以后被沙漠掩埋，是人类过度开发的结果。20 世纪 70 年代初，中国历史地理学界又一位著名学者史念海先生也来到了统万城，实地考察后也认为统万城在建造时这一带山川秀美，今日的沙漠是千百年来环境演变所致。自从侯仁之先生提出是环境变迁导致统万城被沙漠包围而废弃后，人们发现统万城一带也就是毛乌素沙地中还有许多古代遗址被沙漠掩埋，这说明这一带环境发生过巨变。对此变化的原因，则有两种不同的看法：一种认为是人类活动不当造成的，另一种认为是自然条件的变化所致。

陕西省考古研究所统万城挖掘队队长邢福来说，统万城是建在一片流沙之上的，但流沙之上覆盖着一层几十厘米厚的黑土草地。这层黑土很重要，它是生存的基础，也是解开统万城之谜的关键。一层黑土，一层流沙，一层黑土或一层流沙的形成也许需要几千年甚至几万年，黑土代表了较湿润的草原环境，流沙则代表这里变成了沙漠。

统万城这一带的环境是可变的，别的地方环境也是可变的，但别的地方那种变迁不极端、不明显，这里就不同了，这里的变化是草原变沙漠，沙漠变草原，是生与死的转变。

有的变化是大自然所致。历史证明气候是有周期性、循环性的转变的。当干冷的气候周期来临，相当于北极圈扩大了，原有的气候带要依次向南推进，气候带所对应的自然带也要依次向南推进，原来水草丰美的地方也要向南推进，把原来占据的地带让给沙漠，以此类推。环境的这种变化对原来就生活在热带、亚热带、温带地区的人影响不大，因为他们的生存环境并没有变得不能生存，但是这种变化对生活在干旱半干旱草原地区的人意义就不同了，因为他们生存的环境要由草原变成沙漠。历史上游牧民族的“逐水草而居”就是这个道理。历史和地理学家们已经将历史上游牧民族的每一次南侵和对中原的占领与气候的变冷变干完美地对应起来。

然而，有些变化则是人类的行为所致。在气候温暖湿润的时期，不该成为沙漠的地方却变成了沙漠，比如统万城。当时这一带的气候并不处于干冷的周期内，但在唐代这里就开始沙漠化了。统万城建造时，一定是建在黑土的草原上，那时这里“天苍苍，野茫茫，风吹草低见牛羊”，但当时的人们并不知道黑土下埋藏着危机，沙漠就在黑地毯下，随时准备登场。当游牧民族生活在这片土地时，他们居无定所，人烟稀少，这里到处是青青的草地，天然牧场就是他们的家。后来，北魏灭掉了夏国，占据了统万城，随着历史的演变，这里移来了大量的农耕民族，草地变农田，灌木丛、乔木被用来取暖和建筑房屋，缺少了植被的覆盖，裸露的土被风吹走，埋在黑土下的流沙便登场了。到了宋代，统万城终于被流沙环绕，被迫放弃了。

曾经考察过统万城的中国科学院地质与地球物理研究所的孙教授说，在中国北方有一个狭长的地带像统万城一样，黑土下面是沙漠，草原和沙漠可以随时转变，这个地带是生态的敏感带，就看人类怎样对待。孙先生说，从另一个角度说，这就是农牧交错带，是亦农亦牧地区。统万城就处于这个交错带上，这便是环境变迁的缘由。

在治理黄河的历史进程中，历代河官和黎民百姓为了镇河免灾，铸铁牛、建庙宇，在黄河两岸留下了多处铁牛遗迹，特别是1989年在蒲津渡遗址中挖掘出的4尊黄河大铁牛，在国内外引起了极大震动。铁牛的身世、消失与再现具有极其重要的历史价值和研究价值，受到了历史学家、桥梁和建筑专家、治黄专家学者的广泛关注和研究探索。

蒲津渡黄河大铁牛

走进蒲津渡遗址博物馆，放眼1989年挖掘出土的铁牛、铁人、铁山、铁柱，特别是仔细观察着那通身发亮、滚圆的身躯和牛头、牛角、牛蹄如同真牛似的4尊黄河大铁牛，人们不约而同地问起铁牛的身世。

不凡的身世

讲解员介绍说，蒲坂之地，扼秦晋要冲，是兵家必争之地，历代帝王将相多在此建桥，蒲津桥因此而成了通往古长安的咽喉要道。史书中记载了始于春秋时期以来历代建桥的丰功伟绩。记载称，从春秋到北魏，蒲津桥是不固定的临时浮桥；从北魏

黄河铁牛

到唐开元十二年（724 年）的 300 多年间，蒲津桥是用竹子搭起来的竹索连舟的固定式浮桥；从唐开元到元代侯小叔纵火烧浮桥这 500 多年间，浦津桥是铁索连舟的固定式浮桥。拴铁索的地锚就是铁牛、铁人、铁山、铁柱。这就是蒲津桥铁牛的来历。

仔细观看，挖掘出土的 4 尊铁牛地锚，均头朝西，尾向东，伏卧状，均铸于长 3.5 米、宽 2.3 米的长方形铁板上，粗看相似，细看则神态各异，膘肥体壮，肌肉隆起，圆目怒视，竖耳聆听，尾贴后股均向外，肩负桥梁挑重担。牛下有 6 根大铁柱入地丈余，甚为坚固。

讲解员声情并茂地介绍说，铁牛和铁人都有着不同的身份。4 尊铁牛分别编号为 1、2、3、4 号。1 号牛为公牛，体重 26.1 吨，是 4 尊铁牛的首领；2 号牛为母牛，体重 31.4 吨，力气特别大；3 号牛为键牛，体重 43.5 吨，是阉割过的公牛；4 号牛是小牛犊，体重 45.1 吨，年龄虽小体积却最重。4 尊牛旁的 4 个铁人也分别编号为 1、2、3、4 号，从长相和衣着来看，各代表着 4 个不同的民族。1 号人头戴缀顶小帽，身穿长袍，是维吾尔族人；2

号人头上束帽，身体剽悍，是蒙古族人；3 号人头上缠着小辫，是藏族人；4 号人头戴相公帽，穿着唐服，是汉族人。

蒲津桥为何要用铁牛做地锚呢？讲解员介绍道，一说是在我国文化传统观念中，牛历来被视为其力无穷，吃苦耐劳，默默奉献，被誉为“老黄牛”精神；二说是牛卧河边，象征着挡洪水、拦巨浪之势，起到镇河治水免灾之效。“站在城楼用目观，铁牛铁人镇河湾，河神水怪吓破胆，秦晋百姓保平安”。流传在当地的这首民谣，就是对黄河大铁牛不凡身世的真实写照。

神秘消失与再现

谈及铁牛长时期消失与再现，听介绍说，这既有自然因素，也有历史缘由。从自然因素讲，大家都知道黄河是一条多泥沙的河流，号称“黄河斗水，沙居其六”，泥沙淤积，抬高河床，一遇洪水泛滥，更是洪水泥沙俱下，横冲直撞，造成灾害。因此，唐开元十二年间，修蒲津黄河桥时，为了确保浮桥安全，负责建桥的官员特意从民间挑选能工巧匠，按阴阳八卦前后左右排列，铸成 8 尊大铁牛做地锚，每头牛屁股后均有直径 40 分米粗的铁棍一根，8 头牛齐心协力共拉，意在镇住黄河，不准它肆意制造灾害，确保浮桥安全。岂料，滔滔黄河没有把铁牛放在眼里，依然我行我素，横冲直撞，时而河东，时而河西，冲毁河岸，将铁牛深埋于河床里的泥沙之下，千年不见天日。1989 年虽然挖掘出了 4 尊铁牛，使其重见天日，但仍有 4 尊铁牛深埋于黄河泥沙之下，无影无踪。

还有一种说法是，蒲津黄河桥毁于历史战乱之中，浮桥被炮火击毁后才深埋于黄河泥沙之中，因无人过问而长眠于地下。

珍贵的国宝

如今挖掘出土的黄河大铁牛已经完好地珍藏于蒲津渡遗址博物馆供人们观赏，那么，黄河大铁牛究竟有何重大现实意义？据专家考证，一致认为黄河大铁牛的出土，对研究我国的水利史、冶金史、桥梁史都具有重大的科学价值，是珍贵的国宝。

有人生疑，这么大的铁牛，在古代科学技术不发达时期，是如何铸成并运到蒲津桥的？据考古和冶金专家讲，中国是世界上冶炼最早的国家，早在春秋晚期，已经从冶炼发展到铸铁和铸钢。唐开元十二年（724年），当年全国的锡铁总产量为200余万斤，而铸造铁牛、铁人就用了当年全国锡铁总产量的三分之一还多，足见当时当权者对建蒲津桥的重视程度。当年既无现代工具，也无起重机吊车和运输机具，不可能从别处铸好再运到黄河岸边，只能是就地浇铸一次成型。所以，推测当时的冶铁工匠可能是把泥范、铁范、熔模制造三大铸造技术结合起来，用“失蜡法”铸造而成。也就是说，用蜡把牛做成模具，然后用胶泥把它包起来，胶泥用火烧后就成了陶范，再用铁制的模具把它固定好，周围烧起90多个火炉，牛的模具底部还有木炭火炉加温，温度可达铁的熔点1500摄氏度。细看每尊牛背上都有一个小眼儿，铁水就是通过这眼小孔一炉一炉地进入到牛模具的。蜡受热就会熔化，变成一种化学气体自然消散。铁牛、铁人就是这样用“失蜡法”铸造而成的。

蒲津桥遗址挖掘出土的黄河大铁牛，在考古学、桥梁建筑、冶炼铸造、工艺造型、黄河变迁、水文地质等多学科领域，都有着十分重要的研究价值。著名桥梁专家茅以升的弟子唐寰成先生曾多次亲临现场考察，对黄河大铁牛给予了高度评价，称之为“有实际功能的艺术珍品，是实用技术和雕塑艺术有机结合的典范，是我国劳动人民对世界桥梁、冶金、雕塑事业的贡献，是世界桥梁史上唯我独尊的永世无价之宝，堪称世界奇迹！”

安阳是中国八大古都之一，也是甲骨文的故乡、周易的发源地，古老神秘的甲骨文及博大精深的周易一直深深地吸引着我。2018 年的“五一”假期，我终于有时间走进殷墟、走进羑里城，一探究竟。

甲骨文的身世

公元前 16 世纪，商汤灭夏，在黄河流域建立起商王朝，历经 17 世 31 王，统治 500 多年。公元前 14 世纪，商汤的第 9 代孙、商朝第 19 位君主盘庚即位后，把都城从奄（今山东曲阜）迁于亳（今河南商丘），又迁到殷（今河南安阳），直至商王朝灭亡，历经 8 代 12 王 273 年。甲骨文是商王朝的一大重要发明，迄今共出土了 15 万多片甲骨文，使殷墟成为甲骨文的故乡。

《现代汉语词典》对甲骨文的解释是：古代刻在龟甲或兽骨上的文字。清朝末年开始在河南安阳商朝都城的遗址中发现商代的甲骨文，内容多是殷人占卜的记录……现在的汉字就是从甲骨文演变而来的。

甲骨文的出现，有着许多神奇的故事，让我们从这些故事的解读中，揭开它神秘的面纱，探究其不凡的身世。

灵丹妙药小骨片

甲骨文的发现从源头上探究，还有一段传奇故事。据当地人讲，最早发现甲骨片的是安阳小屯村一个名叫李成的剃头匠。由于他以剃头为生，经济比较困难，头上、身上长满了疥疮，却无钱医治。有一次，在行走途中，疼痒难耐，他就放下剃头担子，坐在地边挠痒时随手捡起农民从田里刨出而又扔掉的小白骨片，用剃头刀一刀一刀慢慢地刮下了不少白粉末，然后将这些白粉末撒到疥面上，则减轻了痛痒之苦。李成从自己的亲身实践中受到启示，认识到这小小的白骨片还能治病。于是他就把农民随便扔在田间地头的白骨片收集存放起来。每当剃头不慎将他人头上剃出了伤口流血不止时，他就将从白骨片上刮下来的粉末撒到创伤处，每次都很见效，从而加深了认识：这小白骨片竟是神奇的灵丹妙药。

从此以后，李成就将自己收藏的小白骨片打磨成细粉，包成小包，拿到庙会上摆起地摊，将这种粉末作为专治刀枪伤和跌打伤的药卖了起来。他高声呼叫，引来许多买药人。人们买了他的药后还真管用，都见了效，于是一传十，十传百，使他的卖药生意火了起来。看到有利可图，贩卖“龙骨”的人逐渐多起来。有人还将他收购的骨片转运到北京当作“龙骨”出售，碰巧又转卖给了金石专家王懿荣。从此，小白骨片竟帮助李成由剃头匠转变成了贩卖“龙骨”的生意人，他还被称为“发现甲骨第一人”。

神秘符号甲骨文

金石专家王懿荣买“龙骨”而又从“龙骨”上发现了甲骨文，也有一段传奇故事。

清光绪二十五年（1899 年），有一天王懿荣突然患了疟疾病，医生诊断后给他开了一张处方，其中有一味药是经常用作补肾的“龙骨”。王懿荣立即派家人到药店买药。药买回来之后，他打开药包一看，突然发现“龙骨”的残片上隐隐约约地刻着一些符号。由于长期从事金石文字研究工作，他敏锐地意识到这不是一般的“龙骨”药材，因为“龙骨”是古代的兽骨，上面怎么会出现这么多符号，其中必有缘由，必须弄个明白。于是他就派人到药店打听“龙骨”的来源。从药店老板口中得知，“龙骨”是山东潍县商人范春清从河南购来并转卖给这家药店的。

王懿荣弄清了“龙骨”来源没几天，范春清又带着一些“龙骨”来到这家药店，他得知此消息后立即赶到药店，仔细观摩了骨片后，惊喜地发现上面刻的符号很像远古的象形文字，并辨认出有的是“云”字，有的是“雨”字，有的是商王朝帝王的名字。他判定这是“商朝卜骨”，上面的符号是古老的文字。便以每片 2 两银子的高价将这些“龙骨”全部买下，并坦诚相告范春清继续去收购，有多少要多少。回家后王懿荣又派人到京城其他各大药店高价收买了所有的“龙骨”，总共收购了 1500 多片。金石专家王懿荣成了“龙骨收购王”，并被誉为“甲骨文之父”。

王懿荣死后，他收集的“龙骨”又转归其好友刘鹗所有。

刘鹗的亲家、著名金石专家罗振玉于1908年首次到甲骨文的出土地安阳小屯村实地考察，他一面继续收购甲骨，一面认真研究骨片上的刻字，确认小屯村就是《史记》上记述的“殷墟”。此后，罗振玉又派他的弟弟罗振常继续调查考证，终于弄清了甲骨文在殷墟出土的准确位置。于是从1928年起开始进行大规模、有组织的科学挖掘，从1928年到1936年近10年间共进行了15次发掘。1937年卢沟桥事变爆发后，发掘被迫中断，1949年中华人民共和国成立后发掘工作又继续进行，并取得了新的突破。

神奇卜辞甲骨文

自发现殷墟甲骨文以来，迄今已先后出土甲骨约15万片，上面的文字记载涉及商朝政治、经济、军事、生活的方方面面，并隐含了造字的许多规律法则，对研究历史文化和文字演变有非常重要的意义。

商代人迷信鬼神，盛行占卜之风，不论大事小事，都喜欢询问鬼神。甲骨其实是商代的人们占卜用的工具。人们先将兽骨或龟甲加工整齐，然后在骨的背面钻出圆形的深窝和浅槽，占卜时就一边把自己要问的事情向鬼神说清楚，一边拿火烤甲骨的窝槽。经过灼烧，甲骨便出现了裂纹，根据裂纹的长短、粗细、曲直，可以判断事情的凶吉。占卜后人们将结果刻在甲骨上，流传后世，这便形成了现在的甲骨文。由于商代占卜的范围非常广泛，甲骨文便留存了当时政治、经济、军事、文化和社会生活诸多方面的宝贵资料。

甲骨文是中国现代汉字的鼻祖，它的出现将中华文明带入了一个有据可查的新阶段。甲骨文已经初步具有象形、指事、会意等构字方法，在书写上，也显现出后来中国书法的用笔、结构、章法等要素，是当之无愧的汉字鼻祖。

让我们走进殷墟博物馆，领略甲骨文奇观。进入第一展馆YH127甲骨窖穴，展现在眼前的是1936年在小屯村北地发掘出的一个坑的原貌，它是目前殷墟发现甲骨片最多的地方，总共有17096片。这里出土的甲骨大部分是龟甲，上面记载的是商代人占卜的结果及商代的天象、历法、农业、军事、政治等各方面的内容。刻在甲骨片上的那些记事文字就是神奇的“卜辞”甲骨文，YH127甲骨窖穴被专家认定为世界最早的图书馆和档案库。

羑里，羑里

《周易》，中华文明史中一部内涵精深、影响广泛、流传久远的旷世典籍，被誉为“群经之首”“大道之源”。周文王，周朝的奠基者，中国历史上的一代明君，千古不朽的著作《周易》的创始人。羑里城，中国历史中有文字记载的最古老的国家监狱遗址，“文王拘而演周易”的圣地，一个神秘而又令人无比神往的地方。很长时间以来，我一直都想知道究竟是怎样的一种力量，让82岁高龄身陷囹圄的周文王，能在牢狱之中潜心钻研、推演出在中华民族数千年的文明发展史上一直放射着耀眼光芒的《周易》。

画地为牢

羑里城位于汤阴县城北4公里处，在3000多年前的殷商后期这里是国都羑里近郊的一座监狱，北有羑河。羑里城址南北长106米，东西长103米，面积1万多平方米，高出地面5米多。在讲解员的介绍下，我们了解到羑里城台已经有4000多年的历史，当时为了防止河水泛滥，地基一层一层往上垒，就形成了一座高出地面5米多的城台。文王被囚禁在这里的，这座城台就是文王活动的范围，他可以在整个城台来回走动，但是不能走下城台的台阶。城台下面有卫兵把守，一日三餐有专人送上来。我们现在说的“软禁”“画地为牢”这些典故也由此而来。

周文王演易处（邓红　摄影）

文王演易处

听介绍得知文王演易处旧时称文王庙，是后人为纪念文王在羑里城遗址上而建，始建于何时尚待进一步考证。文王庙大门外 50 米处是全庙的门户演易坊，门户内文王庙大门外右侧为周文王羑里城碑，台阶两旁有形态威武的石狮。在讲解员的引导下，我们拾级而上步入书有“周文王演易处”横批的山门，门内东、西两侧有砂石雕，分别刻有“河图”和“洛书”，是研究《周易》的重要资料。

大殿位于羑里城的中心位置，是羑里城的主殿堂，我们看到的是明代的建筑，歇山重檐式建筑，气势恢宏，1993 年在原建筑基础上进行过修复。门口有一副楹联，上书“七年臣节敬能止，万古天心文在兹”，匾额为“万古臣纲”。

大殿（邓红　摄影）

两联由当代书法家、中国国际书画研究院研究员米南阳左右笔同时写成，米南阳是北宋书画家米芾的第27代世孙。这副楹联是对文王的一种夸赞。文王被拘禁在羑里城7年，他不逃跑也不造反，每日在这里潜心研究、学习，所以历代帝王都把文王视作为人臣子的典范。

进入大殿，正中是文王的铜像，高3.6米，于2012年立。大殿四周墙上是8幅壁画：《文王降世》《德政兴周》《拘羑演易》《吐儿成冢》《请废炮烙》《渭水访贤》《伐崇东进》和《万世景仰》，这8幅壁画展现了文王的一生。

演易台（邓红　摄影）

大殿右后方是重建于1994年的演易台，是文王囚禁期间推演64卦著《周易》的地方，台上有文王演易卦的塑像。讲解员介绍说，当年文王之所以选在这个地方推演64卦，原因有三：一是演易台旁边长有蓍草，蓍草是用来作占卜的工具，他可以就地取材；二是这里处于羑里城的西北方，文王老家位于中国的西北方；三是西北方对应的是后天八卦中乾卦的方位，乾卦是64卦的第一卦，代表的是天、阳、父。

蓍草长得很像艾草，但是没有艾草的功能多，最高能长到一两米，根茎比较直，取它的秆制成蓍草棍用来占卜、摆卦，

演易台旁边的蓍草园（邓红　摄影）

非常灵验。蓍草的一个特点是比较少见，目前只有两处地方有这种植物，除了羑里城这里，还有一处在周口淮阳太昊伏羲陵。

拘羑演易

拘羑演易（邓红　摄影）

文王姓姬名昌，公元前 1147 年出生于现在的陕西省宝鸡市岐山县，传说他出生时是伴随祥瑞的，廊堂屋顶上有凤凰口衔着一封书信落下来，古人都是把凤凰视为帝王出生的先兆，他的祖父也是这样认为，因而给他取名“昌”，意昌盛。

文王 45 岁时继承父亲的职位，就是西伯。西伯姬昌对百姓很好，与他们一起在田野里劳作，几年工夫，不仅周国的百姓十分拥戴姬昌，而且周边的诸侯国也都表示愿意归附于他，所以周国势力越来越强盛。可周国毕竟是个诸侯国，势必会引起最高领导者的猜忌与不满。帝辛十年，姬昌 82 岁，殷纣王听信谗言，趁姬昌在都城之际将其拘拿，囚禁于羑里国家监狱。

从壁画中可以看出监狱的条件是很艰苦的，且文王已是82岁高龄的老人，但是文王并没有放弃，他以顽强的毅力与命运抗争。在羑里被囚的7年漫长岁月里，他日夜仰观天象，俯察大地，看日月星辰的变化，观世间万事万物的运行规律，近取法于人类自身，远取象于各类物形，以此融会贯通天下万物神奇莫测的性质，类比概括天下万物多姿多彩的情态。通过潜心研究，文王把自然界中天、地、雷、风、水、火、山、泽8种自然物作为万物生成的根源，把世上千变万化纷纭复杂的事物抽象为阴、阳两个基本范畴，把刚柔相对、变在其中作为自己对世事和人生的基本看法，从而总结出天道的运行规律，推演出地道的运行法则。他从日月星辰无休止、有规律的运动中领悟到君子要效法天道，要自觉地奋发图强，永不松懈（此乃《象传》："天行健，君子以自强不息"）；从大地养育万物承载万物的特性，领悟君子要效法地德，胸怀宽阔，待人厚道（此乃《象传》："地势坤，君子以厚德载物"）。

文王演易的事在百姓中流传开来，周围人都把他称作"圣人"，这也为他带来了灾祸。当殷纣王得知这一消息，为了试探真伪，竟极其残忍地把姬昌的长子伯邑考杀了，用他的肉做成肉羹派人送给姬昌吃，并说："圣人应当不会吃自己儿子做成的肉羹。"看到肉羹时，其实文王已经算出来是用自己儿子的肉做的，但文王不能不吃，如果不吃，殷纣王必定猜疑，会立即加害于己。于是文王强忍悲痛、强食子肉。殷纣王听说姬昌把送去的肉羹食用了，便自鸣得意地说："谁说姬昌是圣人，连自己儿子的肉都分辨不出来。"于是殷纣便放松了对姬昌的警惕。

文王忍受着常人难以忍受的锥心之痛，以惊人的毅力继续他的研究。他用羑里城的蓍草作为工具在地上摆出先天八卦、先天六十四卦的卦图，重新排列、反复推演。也许文王从不同的卦象中领悟出了自身的命运与使命，从推求天地万物变化的道理中，弄明白了社会人生的各种问题。他把对人生的思考与感悟，把毕生的智慧都融在了卦图里，将伏羲的先天八卦推演为六十四卦和三百八十四爻，并作卦辞、爻辞，著成令后世敬仰的、充满哲理的《周易》一书。“一卷经成万古功”，这便是历史上著名的“文王拘而演周易”的典故。

“文王拘而演周易”的故事告诉我们：世界上没有承受不了的痛苦，没有抵抗不了的苦难。苦难成就伟人！

渭水访贤

文王 89 岁时，他的二儿子姬发前来救自己的父亲。殷纣王觉得文王把自己儿子的肉吃了，没有算出是自己儿子的肉，觉得他没有那么厉害，再加上文王已经是 89 岁高龄，就把他放了，而且还赐给他弓矢、斧钺以向各地诸侯征伐的大权。文王被释放回去之后，在陕西老家渭水河边访到直钩钓鱼的姜子牙，文王拜他为军师。在回程路上，姜子牙让文王为他拉轮车，89 岁高龄的文王拉着轮车走了 808 步，姜子牙就对他说：“一步一年，此乃天意！你拉着我走了 808 步，我就保大周江山 808 年。”当然这话具有神话色彩，不过周朝确实统治了长达 800 年左右，是中国历史上统治时间最长的一个朝代。

姬昌 92 岁还在带兵打仗，慢慢扩大自己的势力范围。当时有一句话“天下三分，其二归周”，就是说很多范围都属于周国了。他虽不失时机地发展壮大自己的国家，但对纣王还是维持服从的姿态。公元前1050年，97岁的姬昌去世，他的二儿子姬发继位，即周武王，周武王追封自己的父亲为“文王”。后来武王以姜子牙为军师，在现在的河南新乡发起牧野之战打败了殷纣，殷纣自焚身死，周取代商，从此统治天下。

万世景仰

《周易》内容博大精深，它所蕴含的许多哲理，如天人合一的整体观念、崇尚和谐的理想境界，趋吉避凶的基本原则等，对中华文化的各个领域都产生了深远的影响。《周易》在汉代被奉为儒家经典之首以后，更是吸引了众多的学者为之孜孜矻矻，探赜索隐。东汉著名天文学家张衡、医圣张仲景，三国时期杰出的军事家诸葛亮，南宋理学大师、著名哲学家、教育家、诗人朱熹，清代政治家、文学家纪晓岚，他们虽然处在不同的朝代，但是都有一个共同点，就是推崇《周易》、研究《周易》，并在各自领域作出了突出贡献。

《周易》给人以思想启迪，让人增长智慧。“天行健，君子以自强不息”“地势坤，君子以厚德载物”，《周易》提倡的这种自强不息精神和厚德载物情怀早已成为中华民族共同的精神力量。清华大学校训“自强不息、厚德载物”即是从1914年冬梁启超在清华大学作的题为《君子》的演讲中而来，他以《周易》的这两句话激励学子，后成为清华的校训。

《周易》的忧患意识，也对后世产生了极其深远的影响，中国历史上流传的许多格言，诸如“生于忧患而死于安乐”“多难兴邦”“艰难困苦，玉汝于成”“先天下之忧而忧，后天下之乐而乐”等，都是对《周易》忧患意识的继承和发扬。

《周易》在我国历史上第一次提出了“革命”这个概念，革新进取思想贯穿《周易》全书，认为革故鼎新是自然界和人类社会的普遍规律，历朝历代许许多多的政治家、改革家、科学家无不是从《周易》中汲取养料，“革故鼎新”的革新思想已成为历代仁人志士修身立命、经世治国的思想源泉。

《周易》中的理念包含我们日常生活中的很多领域，在我们的日常生活中，《周易》处处可见。我们平常用的成语有200多个出自《周易》，比如“扭转乾坤”“谦谦君子”“否极泰来”“居安思危”“韬光养晦”“三阳开泰”“求同存异”“殊途同归”“义结金兰”等，这些耳熟能详的成语都是由《周易》引申而来的。再比如说，中国古典建筑明清北京紫禁城中的选位、布局和定名都离不开易学理论的指导和影响。故宫中心建筑为皇帝寝宫“乾清宫”（“乾”代表天空、父亲），皇后的正宫“坤宁宫”（“坤”代表大地、母亲），名字就是运用了乾坤两卦的卦名。女士戴的表、背的包称作“坤表”“坤包”，名字都是由坤卦而来。

《周易》还对世界产生了巨大的影响。17世纪20年代，一位法国传教士将《周易》翻译成拉丁文，传入欧洲，引起西方科学家、哲学家、政治家的重视，被西方众多学者所推崇。18世纪初，德国数学家莱布尼兹从一位法国传教士那里得到《易经》，十分赞赏《易经》的奥妙，认为爻卦和他所发明的二进制新算术（即现在计算机所运用的二进制数学原理）是有联系的。

如今，周文王被囚禁处——汤阴羑里城，不仅以现存最早的国家监狱闻名遐迩，而且作为《周易》的诞生地更为中外人士所景仰。

"河图洛书"是中原文化之根，是黄河文化之源。读史书、听传说，"河图洛书"四字早已深深地印记国人心中。2014年4月的一天，作者走进龙马负图寺，现场考察黄河、图河、洛河，追根溯源，研究探索"河图洛书"的来龙去脉。

"河图洛书"之新解

"河图洛书"不仅是流传已久的古老神话传说，而且史书中也多有记载，所以人们大都信以为真。认为黄河真的出"河图"，洛河真的出"洛书"。

神奇的神话故事

传说远古时代，位于洛阳北边孟津的黄河里爬出来一只大怪物，马头龙身，头上长着一对麒麟角，一张嘴能吞下一个人，一打滚，地里的庄稼全遭殃，害得民不聊生，于是人们就找到伏羲诉苦。伏羲就带着手下的干将来到河边，见到这个大怪物就举起宝剑训斥道：你为何不老老实实待在黄河里而要出来祸害百姓？龙马被吓得赶快往黄河里逃窜。刹那间，伏羲腾空跃到龙马背上，抓着麒麟角，挥舞宝剑，吓得龙马伏地求饶，保证不再胡作非为，并许诺说："若肯放了我，我一定从黄河里拿一件宝贝献给你。"伏羲说："我不要你什么宝贝，只要你今后不再上岸祸害百姓，我就饶了你。"龙马连声答应，伏羲就放它入了黄河。

过了没几天，龙马潜入黄河南边的小河里之后，又爬上了岸，找到伏羲。龙马背负着一块玉板，说是黄河里的一件宝贝，要献给伏羲。伏羲瞅见玉板上有许多黑点儿，弄不清是什么图案，龙马也弄不清是什么。伏羲就把这件宝贝称为"河图"，后来，伏羲仔细观察龙马身上的花纹，并琢磨河图上的图案，画出了八卦图。接着又在八卦基础上写了一本书叫《易经》。商代末年，周文王从《易经》受到启迪，反复研究又结合自己的社会实践，写成了《周易》，流传至今。

"洛书"则要从大禹治水说起。传说早年大禹凿开洛阳南边的龙门山，伊河水经过龙门南边的湖泊流入洛河。湖水变浅时，从湖底浮出一个磨盘大的乌龟。大禹的随从忙挥剑去砍，被大禹拦住。大禹见这只乌龟对百姓也没有什么伤害，就把它又放入洛河。有一天，大禹率领随从到洛河察看水情，洛河里突然升起一束五彩宝光，宝光升起之处浮出一只乌龟，宝光则是从乌龟背上一块玉板射出来的，乌龟为报答大禹放生之恩，特将此玉板献上，并称玉板为《洛书》。大禹接过《洛书》一看，上面写着许多红颜色的字，他却一个也不认识。经过反复揣摩，根据《洛书》内容，整理出历法、种植、法令、法规条例等九章大法，后人又据此整理出一部科学法典《洪范篇》，一直流传至今。

“河图洛书”的内容，传说与史书记载大同小异，而具体地点则不相同。传说“河图”出自黄河，“洛书”出自洛河；而史书记载“河图”出自黄河支流孟河（即图河），“洛书”则出自洛河支流玄沪河。笔者认为史书记载接近事实，龙马负图寺与图河就是历史的见证。

一条小河的历史见证

为了探源“河图洛书”，笔者走进了龙马负图寺。龙马负图寺位于洛阳市孟津区会盟镇雷河村，因“龙马负图出于孟河之中”而得名。始建于晋怀帝四年，是人们为感念“人文之祖、人根之祖”伏羲的功绩在图河故道上建起的一座祭礼场所，是“河图”的发源地。千百年来，无论是平民百姓，还是帝王将相，大都到此膜拜，

龙马负图寺（邓红　摄影）

作者走进龙马负图寺，探源“河图洛书”

朝宗礼圣，龙马负图寺因而成为中华民族寻根问祖的圣地。

“龙马出于图河之中”。图河是黄河的一条小支流，发源于孟津县城东南3公里处的朝阳乡卦沟村，于老城乡雷河村注入黄河，全长21.5公里，有支沟5条，毛沟83条，流域面积63.3平方公里。平时溪水如线，仅靠河谷中的十多个泉眼四季供给水量，时溪时河，汩汩东流。“图河夏涨”，一旦暴雨倾盆，水涨河溢，波涛奔涌。

图河上游有图河村、卦沟村，考古工作者在这里发现了古文化遗迹，并有远古动物化石出土，出土处被定为省级文物保护单位。卦沟村里有卦画台，是当年伏羲画八卦的地方。

图河下游有8个村都是以河为名：雷河、巳河、陈河、东李河、西李河、郑河、上河图、下河图。图河下游7华里河段还有8条小河，所以当地人称之为“七里八河”。传说当年伏羲在图河得到龙马之后，时时与龙马相伴，天长日久，龙马与伏羲之间产生了深厚的感情。伏羲活了百岁去世之后，龙马十分伤心，痛不欲生，就在地上打滚，向黄河滚去，凡是龙马滚过的地方，便出现了一条条小河，成为图河的支流，这些支流附近聚居的地方也就以河为名了。

一个最新的“河图洛书”版本

“河图洛书”的神话故事流传了数千年，而人们虽信以为真却看不见摸不着。如今在孟津和洛宁人民群众中又流传着一则看得见摸得着的“河图洛书”新传说，那就是黄河在孟津段绘出了一幅新“河图”——黄河小浪底水利枢纽工程。在这里，一条大坝拦腰斩断黄河，形成了一个总库容为126.5亿立方米的水库，拦洪蓄水，发电灌溉，调水调沙，为人民造福。洛河在洛宁段也写出一部新“洛书”——洛河故县水利枢纽工程。一条大坝拦腰斩断洛河，形成一个总库容为15.75亿立方米的水库，拦洪蓄水，发电灌溉，除害兴利，为河洛人民造福。

这则“河图洛书”新传说是黄河儿女谱写的历史新篇章，是“河图洛书”演变论的延续和发展。黄河史专家赵炜先生在他撰写的《河图洛书与河洛》一文中提出了“河图洛书”演变论的新见解。

赵炜先生说，“河出图，洛出书”是不断发展的，并随着时间的推进和地点的变化而变化。负图出于孟河（黄河支流），才有了伏羲八卦图。仓颉在玄沪河（洛河支流）洛河交汇处求得“灵龟负书”，黄帝、尧相继在洛河上获得洛书，且地点由伊河、洛河交汇处移至首阳山。“河出图，洛出书”的重要发生地在洛汭。黄帝、舜、禹及商汤、周成王等都在此得到了“河图洛书”。地点变了，形式也在变。伏羲“龙马伏图”、黄帝“洛书鱼献”、仓颉“灵龟负书”，似乎为偶然事件，而尧、舜、禹等则是沉璧祭天的结果。更为有趣的是“河图洛书”内容的变化。伏羲氏仰观象于天，俯察法于地，用阴阳八卦解释天地万物的演变规律和人伦秩序。“洛书鱼献”说的是黄帝因此而得到了各种知识，助其创造了不朽的业绩。仓颉得“河图洛书”，后人把他创造文字与“河图洛书”紧密联系起来。尧获得“洛书”，奉上天旨意，把王位交给舜。大禹则依照“河图洛书”大力倡导治水，并将“洛书”视为洪范，成为治国的大法。“河图洛书”是与上古帝王紧密相关的重要活动，对他们产生了重要的影响，因此才有了至高无上的地位，并相传和沿袭下来。若把产生地点的变化归结为人文环境因素的影响，形式上的改变则应是古人认识进步使然。而内容的变化，则突出体现了“河图洛书”在上古时期的重要地位和作用。伏羲“龙马负图”、黄帝“洛书鱼献”、仓颉“灵龟负书”是天降祥瑞，尧、舜、禹时期，“河图洛书”更成了天命。因此，后人对“河图洛书”有着极高的评价。笔者十分赞赏赵炜先生“河图洛书”延续论的新见解。基于此，笔者则把“河图洛书”看作是古代中华民族智慧的结晶，并将时下“河图洛书”新传说视为是对中国人民治理黄河新成就的极高赞誉。

黄河第一庙　天下第一碑

位于河南省武陟县的嘉应观是黄河流域现存规模最大、规格最高、保存最完整，建筑艺术和历史文物价值最高的黄河河神庙，享有“黄河第一庙”之称。

嘉应观（朱卫东　摄影）

嘉应观，又名“淮黄诸河龙王庙”，始建于清雍正二年（1724年），在武陟县城东 13 公里处，是雍正皇帝为祭祀河神而修建的龙王庙。

康熙、雍正两帝交替之际，黄河在武陟县先后四次决口泛滥，波及漕运及国计民生。雍正元年清廷屡下谕旨，拨付帑金，派河道总督齐苏勒等重臣治理黄河，刚刚亲政的雍正皇帝还亲临黄河，力图扭转河防四处倾圮的局面。在堵口成功后，雍正皇帝又颁发诏书，命河臣于武陟县修建“淮黄诸河龙王庙”，赐名“嘉应观”，封“四渎称宗”，以纪念修坝治水之功并祈求河神庇佑。

嘉应观规模宏伟，建筑精致，是豫北少有的清代宫廷式建筑群。建筑占地面积21750平方米，依次为山门、御碑亭、前殿、中大殿、过庭及禹王阁，两侧还有掖门、钟楼、鼓楼、更衣室、配殿、厢房等。整座建筑雕梁画栋，飞檐重叠，布局严谨，主次有序，是一座集宫、庙、衙署于一体的仿故宫式建筑，古朴肃穆，蔚为壮观，享有“黄河第一庙”之称。

御碑亭为嘉应观之精粹，亭内竖立雍正皇帝铜质御碑一座，雍正亲撰碑文并书丹。该碑体内为铸铁，外包黄铜，碑首浮雕三龙戏珠，碑身内沿雕八龙，外沿雕回纹。碑座为一镶铜独角兽，龙头、牛身，俯卧于莲座上。御碑高4.3米，宽0.95米，厚0.24米。碑文概要叙述了黄河的河道、灾害、治理情况，并表达了祈神保佑的愿望。此碑造型奇特，工艺精湛，纹饰繁缛华丽，堪称国宝，有“天下第一碑”之美誉。

御碑（朱卫东　摄影）

地平线下的古村落

与姑姑在陕州地坑院景区大门前合影

双休日回了一趟爸爸的老家三门峡，见到了日思夜想的姑姑。姑姑是离休干部，住在陕州区一幢楼房的三楼。在陕州区，“观地坑窑院，沐温泉神水，尝特色小吃，品民俗文化”是必不可少的。听说我想去看地坑院，已经87岁的姑姑非要给我当向导陪我一同前往。

路上姑姑告诉我说，地坑院是在平整的黄土地面上挖一个深六七米的正方形或长方形深坑，然后在坑的四壁挖几孔窑洞住人，冬暖夏凉。我问姑姑，人在坑里住，怎么进出呢？姑姑说在靠近墙角的位置挖有门洞窑，里面有一条呈“L”形的斜坡通道通向地面，人们就靠这个上下出行。专家称这样的民居为“天井窑院”，当地人都叫“地坑院”，也有人称之为“地平线下的四合院”。

姑姑告诉我三门峡境内保存较好的地坑院集中在陕州的东凡塬、张村塬、张汴塬，现在许多村民仍居住在地坑院里，有100多个地下村落、近万座天井院，现存最早还住人的院子有200多年的历史，已住过六七代人。爸爸的老家就在张汴塬，张汴塬就是历史上的“陕塬”，一个“塬”字，道出了陕州的地形地貌。

地平线下的四合院——陕州地坑院（邓红 摄影）

说话间，车已行至陕州地坑院景区大门前。走进大门，讲解员给我们介绍了参观路线，告诉我们景区主要由21座相互打通的坑院组成，内设不同文化主题，如捶草印花、陕州剪纸、锣鼓书、澄泥砚、皮影戏、糖画、陕州婚俗表演等，全方位地向世人展示地坑院的历史演变及陕州区人们的生活风貌与民俗技艺。

进入民俗文化园，迎面是一幅巨型砖雕，放眼望去，图案正中是一个石柱，上书“分陕石”三个大字，“分陕石”的两边分别有两个人物塑像，左边是周公旦，右边是召公奭。这幅砖雕向人们讲述了“周召分陕”的历史故事：在3100多年前的西周时期，武王伐纣，商灭周兴，周武王姬发在位3年不幸因病去世，他的儿子周成王诵继位，成王当时尚且年幼，没有能力处理朝政，就由他的两位叔叔周公旦和召公奭辅政。当时天下的格局不是很稳定，周召二人就想出一个办法，决定分陕而治。“陕”即“陕塬”，陕西省就是因陕而得名。周王朝的疆土一分为二，形成两大区域，周公旦治理陕之东，召公奭治理陕之西，由此产生了陕东和陕西，陕西省就是这么来的，陕之东在现在的河南范围内。周召二人分陕之后，在各自的区域内兢兢业业、勤政爱民，为后来周王朝走向繁荣和昌盛奠定了重要的基础，所以“周召分陕”成就了我国历史上第一个太平盛世——成康之治。仔细观察砖雕，两边的内容是不一样的，左边有车马，右边是载歌载舞，由此可以看出他们二人分工明确、各司其职。周公旦负责拓展疆土，召公奭辅佐国家朝政。据记载“分陕石”高3.5米，是我国历史上有文字记载最早的一块界石，曾经屹立在张汴塬上，后来几经辗转，“分陕石”已经找不到了，现藏于博物馆的“分陕石”是复制品。

周召分陕砖雕（邓红　摄影）

进入地坑院之前，经过了文化展示大厅，通过一幅幅展板、图片，对地坑院有了初步了解。地坑院是我国四大古民居建筑（陕州地坑院、福建土楼、陕北靠山窑、北京四合院）之一，体现了穴居文化的发展。资料考证，4000多年前的轩辕黄帝时期，陕塬先民们已经掘地为穴而居，《诗经》称为“陶复陶穴”。地坑院拓展了陕塬人们的居住空间，丰富了黄土文化和黄河文化，是人类文明进步的活化石。

地坑院内（焦朴　摄影）

地坑院为什么在陕州地区比较多？这和陕州的地形、地势、土壤、气候分不开。陕州的地貌为台塬地貌，上面平坦，四周沟壑纵横。坑院挖在平坦的塬上，黄土黏性大、韧性好、直立性强。当地属于半干旱性气候，有利于保持黄土的干燥和坚固，使窑洞建筑经久耐用，这些都为地坑院的建造提供了得天独厚的条件。“下院子，箍窑子，娶妻子，坐炕子”是流传在陕塬的民间小曲，也是无数庄稼汉的梦想。黄土塬上的人们有了地坑院就有了安定的家，男人在黄土地上耕作刨食，女人在地坑院里操持家务，生儿育女、纺花织布、绣花剪纸……逐渐形成了地坑院的生活方式和民俗风情。

在这里，我们看到了最早的地坑院照片，它是1933年德国飞行员卡斯特从上海飞往洛阳、西安等地途中经过陕州航拍到

通向地面的门洞（邓红　摄影）

的，他记录在自己的飞行日志中，后来被美国作家、建筑师鲁道夫斯基看到。1964年11月，鲁道夫斯基在纽约举办“没有建筑师的建筑”展览，选用了卡斯特航拍的地坑院图片，不久又出版了同名专著。他在《没有建筑师的建筑》一书中详细介绍了陕塬规模宏大的地坑院，也就是从那时起，地坑院向世界揭开了它神秘的面纱。从图片上看，地坑院就像一个个正方形或长方形的大坑，地坑院的主体结构没有一砖一瓦，是生土建筑的杰出典范。

边走边看，不知不觉中我们居然走进了地坑院，感觉太神奇了。整个窑院为方形，抬头仰望天空，天似穹窿，体现出天圆地方之美。我们走进的这座窑院是民居院，开挖于1878年，历时8年建成，属东震宅，共有9孔窑洞，分主窑、厨房窑、门洞窑、客窑、居住窑、储物窑、粮食窑、牲口窑、茅厕窑等，功能齐全。其中，主窑、厨房窑、门洞窑的位置十分重要。主窑是地坑院中最高大、最宽敞的窑洞，一般高九尺[①]五，宽九尺，通常为长辈居住，地位尊贵。主窑是一门三窗，在外观上和别的窑有明显的区分，别的窑是一门两窗甚至一门一窗，门窗上面贴有各种图案的剪纸。院中有水井，有排水的“渗坑”“渗

① 1尺＝1/3米，全书同。

井”。屋内有连炕灶，既可做饭又可取暖，饭熟炕热，一举两得，灶火的烟囱通过土炕通向地面，称烟洞。“铁头、土腰、尾巴翘得老高”形容的就是连炕灶。院子里还栽有树木花草，树冠高出地面，用一句话概括这种民居就是“见树不见村，进村不见房，入户不见门，闻声不见人。”这也是对地坑院最真实的写照。要想领略到这番风景，只有来到陕塬地区。

讲解员告诉我们，地坑院的建造是十分讲究的，“山有去脉，水有流向，土有层纹”，营造地坑院要与山脉、水势、地气相融合，要以五行八卦和主人命脉来定方位，它是风水学、建筑学、人文学的绝妙结合，是传统哲学思想“天人合一”的现实体现。地坑院的建造过程共分为 4 个步骤，概括为“向下挖坑、四壁凿洞、穿靴戴帽、美化装饰”。其他三句话都好理解，这里解释一下“穿靴戴帽”：窑洞中间厚厚的墙被称作“窑腿”，百姓生活富裕了就会购买砖和瓦，在窑洞的底端也就是“窑脚”

拦马墙（邓红　摄影）

砌上几层青砖，此为“穿靴”，一是可以起到保护加固的作用，二是防止窑脚长时间被雨水浸泡侵蚀；“戴帽”指的是地坑院上面的一圈墙檐，也叫拦马墙、女儿墙，不仅可以阻挡牲畜和儿童掉下去，而且可以拦截雨水往下倒灌。

在另一座婚庆窑院，我见到了曾经在《舌尖上的中国》中出现过的神奇的炉灶——穿山灶，看到这犹如一列小火车似的穿山灶，眼前不由得浮现出陕州人在家待客热闹非凡的婚庆场面。穿山灶也叫地龙、串锅灶，是陕州地坑院特有的炉灶，依据“七紧八慢九消停”的说法依次盘造七至九个灶台。我们在这个院落看到的是九孔灶，根据烹饪方法和火候要求不同，每种菜放在不同的灶眼上，九个灶可以同时做九道热菜，再配一个凉菜，这就是陕州有名的“十碗席”，是当地婚宴必不可少的招待客人的美味佳肴。穿山灶结构巧妙，前面最大的一个灶

穿山灶（邓红　摄影）

叫“灶头”，火在灶头里面烧，遵循热气是往上走的原理，灶台呈斜坡状依次向上，灶心相通，灶温递减，所以前面明火用来蒸煮，中间炖和焖，后面用来保温。它最大的好处是饭菜可以同时出锅，即便是百余人的婚宴，也能从容不迫。它最大限度地利用了热能，高效节约，非常科学，彰显了地坑院人的生活智慧。

天时、地利、人和，一起造就了陕州地坑院这一地下民居建筑，也说明我们的祖先非常有智慧，懂得就地取材、因地制宜，其颇具匠心的营造技艺已被列入国家非物质文化遗产保护名录。愿陕州特色文化在中原大地大放异彩！

陶醉仰韶

在三门峡品尝当地美食“陕州十大碗”时，餐桌上一个造型独特的酒瓶吸引了我的目光，让我产生了浓厚的兴趣，我不由得拿在手中端详起来。与别的酒瓶不同的是，这是一件红底黑色纹饰的彩陶瓶，小口、鼓腹、尖底，酒瓶上方有五个手拉手翩翩起舞的小人儿，周围还有月亮图形，造型简洁流畅、纹饰多姿多彩，像一件精美的艺术品。

看我对酒瓶感兴趣，同行的先生告诉我，这是河南仰韶酒厂生产的彩陶坊天时系列“太阳、月亮、星星”三款酒中的月亮款酒，酒瓶是根据仰韶文化遗址出土的非常有代表性的彩陶小口尖底瓶仿制而成。7000 年前的仰韶文化时期，尚处于刀耕火种的年代，先民先是发现了火，用火烧出陶器，用陶器盛粮食、用陶器酿酒。我们常说“陶醉”，“陶醉”一词就诞生于仰韶，“陶”和“醉”是分不开的。你看这 5 个翩翩起舞的人形图案，代表着快乐、欢乐、祥和，陶醉其中。

我没有想到一个小小的酒瓶居然蕴含着这么深厚的历史文化气息，所以对我家先生提出的参观一下仰韶文化博物馆和仰韶酒厂的建议，我欣然同意。

在仰韶文化博物馆展厅，我见到了仰韶文化博物馆的镇馆

小口尖底瓶（邓红　摄影）

之宝——小口尖底瓶：尖底，长腹，小口，是7000年前仰韶人的普遍用具、典型陶器。20世纪20年代，在河南仰韶的一次考古发掘中，大量彩陶破土而出，轰动了世界，其中一批样式极为独特的陶器开启了一项重要领域的源头，那就是中华酒文化的起源。经专家考证，小口尖底瓶是中国最早的酒器。听解说后，我知道了我们的祖先为什么要把陶器做成小口、尖底的形状。因为小口容易形成密封环境，易于发酵；再者当时的土地非常松软，把瓶子往地上一扎自然就立起来了。

双连壶（邓红　摄影）

随着仰韶文化的繁荣发展，小口尖底瓶在大小和形态上，又不断地演变和细分，形成了酿酒器、储酒器、饮酒器等。

“无酒不成礼”从远古时代便开始了。左图是在郑州大河村仰韶文化遗址出土的著名的国宝彩陶双连壶，造型别致、风格独特，非常神秘。它不是普通的酒壶，相传是为了表示友好、平等，是两个部落首领对饮时专享的酒具。部落之间曾经有过矛盾或战争，如今化干戈为玉帛，彼此信任十分重要，因此双连壶中间开有孔道，这样两个部落首领共饮时不必担心酒中有毒，正所谓“生死之交一壶酒”。

仰韶国陶女娲（邓红　摄影）

仰韶人用火烧出了陶，有了陶，就有了陶中酒，并将陶和酒完美地结合在一起。在仰韶酒文化博物馆展厅，一件母体彩陶古瓶吸引住了所有人的目光，让人陶醉其中。这是曾被国际奥委会主席罗格先生和 G20 峰会 20 国元首收藏的“仰韶国陶女娲”精品佳酿，堪称白酒中的极品、绝世好酒，代表了中原文化，被誉为“中国国礼”“国家名片”。其盛酒的陶瓶源于仰韶文化遗址出土的人形彩陶瓶外形，并按仰韶文化传统的制陶工艺精心烧制而成，高端大气。人形彩陶瓶现藏于中国国家博物馆，其饱满的母腹造型，神秘的纹饰，深邃、宁静，带着远古的色彩和人文气息，绽放出悠远的芬芳和绚烂。

彩陶上 5 个拉起双手的人形，让我们看到了先民们载歌载舞的陶醉与欢乐。这些迄今为止所发现的年代最为久远的舞蹈人物形象无声而又明确地告诉我们，那是一个天下一家的远古理想社会，博爱、平等、快乐。而陶中的酒饱含着母亲对生命的理解——欢乐！欢乐与生命在一起，文明与酒在一起。仰韶陶和酒的发明酝酿出“陶醉”一词，并随着仰韶人的迁移和扩散，将这种欢乐传递到华夏大地的每一个角落，陶醉了整个世界。

有好水才能酿出好酒。渑池从古至今，历朝历代都有酿制白酒的记载，这源于其得天独厚的地理位置及清纯甘甜的酿酒水源——醴泉。先祖酿酒用水就取自于醴泉，7000 年后的当代仰韶酒厂，酿酒水源依然取自于味道甘甜的醴泉。“醴”是古代酒的一个别称，据古代文献记载，有“蘖法酿醴”的说法，所谓“蘖法酿醴”就是用发酵的麦芽来做曲，然后酿酒。

陶酒贮藏区（邓红　摄影）

在仰韶酒厂酿酒车间我们得知制曲用的是小麦和豌豆，酿酒中间用的是九种粮食，即大米、小米、玉米、糯米、大麦、小麦、荞麦、豌豆和高粱。九粮酿酒调和了多种粮食的香，采取“陶池发酵、陶甑蒸馏、陶坛储存、陶瓶盛装”四陶酿酒法，融合了浓、酱、芝、清四种香型，香气醇厚、幽雅、细腻、爽净，这种香由中原文化的交融碰撞所带来，仰韶酒人就将这种酒香称为“陶融香”。目前，“陶融香”

型是中国白酒的第13种香型，打破了豫酒没有独立香型的历史，酿酒工艺获得国家专利。

仰韶先人用黏土、红陶、粮食在历史长河中淬炼出令人陶醉的液态之水，仰韶酒人用现代的工艺酿造出无与伦比的“陶融香”型酒，他们用这“陶融香”的美酒传承着先祖的智慧。在“陶融香”型白酒上市的发布会现场，当时101岁的白酒界泰斗秦含章老先生非常动情地说：“为仰韶陶醉！为中国白酒陶醉！”

陶与醉的组合流淌在各个历史阶段，激荡出漫长绚烂的历史篇章，让华夏文明经久不衰、源远流长，让世界为之陶醉！无论7000年前还是7000年后，酒永远与恣意快乐的人生相伴。愿仰韶文化这杯绵延7000年的文化美酒，永远香飘中原大地。

陶醉仰韶，为仰韶陶醉！

新郑是我们中华人文始祖轩辕黄帝的故里，是轩辕黄帝出生、创业和建都的地方，是亿万华人寻根拜祖的圣地。近年来，每年的农历三月初三，这里都要举行拜祖大典，备受海内外华人华侨的瞩目。2019年3月下旬，作者在新郑参加业务培训，正值己亥年拜祖大典举行在即。所以培训结束后，作者和同事一行4人驱车前往黄帝故里，寻中华民族之根、探华夏文明之源。

三月三　拜轩辕

黄帝故里是国家AAAA级旅游区，全国重点文物保护单位。我们到达景区才得知，大典前的一个月时间是筹备阶段，景区处于半封闭状态。景区门口电子屏显示当日距4月7日（农历三月初三）己亥年拜祖大典还有9天，景区已经不接待散客，只有跟随导游才能进入游览。为不虚此行，

景区入口——汉阙（邓红　摄影）

我们请了一位金牌导游。

进入景区，我们首先看到前方有一道四柱牌坊，是为纪念黄帝功德所修建的功德牌坊，仿汉建筑，横额上的“轩辕黄帝”四字由知名历史学家周谷城题写。

再往前走经过了一座桥，此桥名曰“轩辕桥”，是2002年新修的。修建新桥开挖桥基时发现了沉埋地下400多年的古桥，古桥始建于明隆庆四年（1570年），是当时人们为拜谒始祖轩辕黄帝，在祠前专门修建的。古桥在新桥的左侧下方，是座砖拱桥。探身向下看，桥东侧古砖上面有阴刻篆文“轩辕桥”三个字，桥西侧的古砖上刻有“隆庆四年许州造砖户王仲”的字样。

黄帝祠前的石熊（邓红　摄影）

过了桥，前方就是黄帝祠。黄帝祠是历代先民拜谒祖先的地方，是整个景区最庄严、最神圣的地方，也是核心区域。在进入黄帝祠前，我们看到门口的镇祠兽和其他地方的不同，其他地方的祠殿或庙宇前都是石狮子，寓意庄严、威武、平安、吉祥，而唯独这里却安放了一对石熊。为什么呢？因为新郑古称“有熊国”，黄帝领导的部落为有熊氏部落，熊在黄帝时期是非常凶猛强悍的动物，有熊氏部落为了表示对它的崇拜，就把熊作为自己部落的图腾。后人为纪念黄帝的根基有熊氏部落，特在黄帝故里祠前安放了这对石熊。有熊氏部落也是熊姓的发源地，新郑有一个村子就叫“熊庄”，黄帝的父亲少典百年之后就葬于这个村子。后来人们把“熊”字下面的“四点水”去掉了，“熊”和“能”通用，现在新郑就有一个“能庄”。

步入前厅，首先映入眼帘的是由陈云题写的“炎黄子孙 不忘始祖”八个大字，两侧多媒体展示屏展示了历届拜祖大典盛况。走进黄帝祠大殿，正中供奉着黄帝金身塑像。四周墙上是几幅壁画，内容是“黄帝降生”“创造舟车”“黄炎结盟”“征战蚩尤”“建都有熊”“高擎龙旗”等，生动展示了黄帝一生的丰功伟绩。

历代史书都记载轩辕黄帝是“有熊国君少典之子”“生于轩辕丘”“都于有熊”。5000多年前的中州大地具茨山区，气候温和，风调雨顺，环境宜人，少典部族在此繁衍生息，建立了有熊氏部落。部落首领少典早年娶了邻邦有蟜氏部落的女子安登为妻，安登游华阳，生下炎帝榆罔，炎帝榆罔长于姜水，以姜为姓，随着人口的增多，形成了神农氏部落。少典中年又娶了有蟜氏部落的女子附宝为妻，附宝于三月初三生黄帝于轩辕丘，所以名叫轩辕，轩辕长于具茨山姬水一带，以姬为姓。由此可见，炎帝和黄帝都是少典的子族。

相传轩辕黄帝从小就聪明伶俐，长大后见识渊博，宽厚仁慈，深得部族拥戴，被拥立为有熊氏部落的领袖。黄帝和炎帝在各自领域不断发展壮大，后来两个部落为了争夺霸主，进行了3次激烈的大战，最后黄帝通过阪泉之战取胜，收服了炎帝，从此他们两个部落就结成联盟和睦相处。所以，黄炎结盟为中华民族的建立奠定了根基，炎黄二帝成为我们共同的祖先，中华儿女至今仍以炎黄子孙自居。

黄帝、炎帝结盟时，当时中原大地大大小小的部落还有成千上万个，最强大的部落除了黄帝、炎帝一族外，在山东济水一带还有一个“九黎族”部落也很强大，首领就是蚩尤。当时蚩尤为了向四周扩张自己的势力范围，经常用武力侵略其他弱小的部落。黄帝、炎帝就联合其中几个部落，在河北涿鹿打败了蚩尤，这次大战就是历史上有名的“涿鹿之战”。

黄帝收服炎帝、战败蚩尤之后威名远扬，各个部落对黄帝钦佩得五体投地，共同推崇黄帝为万家部落的首领，定都有熊。黄帝在统一万家部落之前是以熊作为图腾的，统一天下之后，他采用各个部落有代表性的图腾特征，以熊头、马嘴、鹿角、蛇身、鱼鳞、鹰爪、虎掌等动物荟萃成新的图腾“龙”，把“龙”作为有熊帝国的图腾和旗帜，寓意民族的大团结、大融合。所以，5000多年来炎黄子孙把龙作为中华民族的象征。

有熊国位居天地之中心，取其“中”，华阳是炎帝榆罔出生之地，取其“华”，国号“中华”便由此而来。甲子元年三月初三，黄帝回归故里正式登基帝位，建都有熊，因此新郑被史学家称为“中华第一古都”。

了解完黄帝的生平事迹，我们来到后区的广场，这里是每年的农历三月初三举行拜祖大典的主会场。因为当时已临近拜祖大典日，所以广场被围了起来进不去，只远远看到以古代书简为造型的金色背景墙及白色的轩辕黄帝端坐像，广场中还有一棵枝繁叶茂金灿灿的祈福树。

修缮中的拜祖广场（邓红 摄影）

新郑人民拜黄帝的习俗由来已久，春秋时期，新郑已经有“三月三，上西山，拜轩辕”的民俗，唐代以后渐成规制，盛世时由官方主拜，乱世时由民间自办，一直绵延至今。

1992年农历三月初三，新郑市政府首开寻根拜祖节，盛况空前。自此以后，这个在新郑已延续了几千年的传统习俗，规模越来越大、规格越来越高、人数越来越多、影响越来越深，直至2006年农历三月初三“丙戌年黄帝故里拜祖大典”升格为河南省政协主办，中央电视台现场直播，并邀请全国人大常委会副委员长、全国政协副主席等领导前来参加。

2006年拜祖大典过程中，天空还出现了七彩斑斓的彩虹，震撼了在场的每一位嘉宾。从2006年至2018年的13年间，一共有四次彩虹喜临大典现场，大家都认为是天有感应，先祖有知，“彩虹降人间吉祥，大典展盛世和谐”。

拜祖大典以“同根同祖同源，和平和谐和睦”为主题，共有九项议程，分别为：盛世礼炮、敬献花篮、净手上香、行施拜礼、恭读拜文、高唱颂歌、乐舞敬拜、祈福中华、天地人和。2008年，拜祖大典九项议程被列入国家非物质文化遗产名录。

“三月三，拜轩辕”表达了我们对祖先的敬意，表达了炎黄子孙都是同根同祖同源。声势浩大的拜祖大典已成为海峡两岸联系的精神纽带，为祖国的和平统一起到了一定的推动作用。

让我们在此缅怀始祖功德，祈福祖国繁荣昌盛！

2018 年金秋，魅力中牟迎来了包括毕淑敏、李佩甫、孙荪、何向阳、叶延滨、邢军纪、高金光等来自全国各地的知名作家、评论家、诗人，参加第七届“雁鸣湖金秋笔会”暨《雁鸣金秋》诗歌卷、散文卷首发式，作者有幸作为河南思客的签约作家与文学大咖们齐聚雁鸣湖畔，共品文化盛宴。

历史深处的中牟

两天的笔会及采风活动，昔日官渡古战场的新貌、官渡寺悠扬的钟声、“掷果盈车”俊男潘安的才情、列子御风而行的精神、箜篌穿越千古的清音……这些俯拾皆是的文化名片，让人真切感受到了中牟深厚的文化底蕴，不由得从心底感叹“中牟触目皆文化”！

潘安故里

被誉为“中国古代第一美男子”的潘安，可以说是妇孺皆知，我们常以“貌若潘安”来形容容貌出众的男子。潘安的祖籍就在中牟县大潘庄，如今的潘安故里已成为中牟的一张文化名片。

据记载，潘安其人“姿容既好，神情亦佳”。每当貌美的潘安驾车走在街上，深得妙龄少女之芳心，连老妇人都为之着迷，她们把水果往潘安的车里丢去，将车都丢满了，潘安每次回家都是满载而归，这便是“掷果盈车”成语典故的由来。

潘安塑像（邓红　摄影）

潘安已成为美男子的符号，人们铭记在心的只是他的美貌，他的才名却鲜为人知。历史上的潘安不但貌美，亦是西晋著名的文学家，是西晋文学的代表人物之一，与陆机并称，古语云“陆才如海，潘才如江”。他的作品对后世影响甚大，《悼亡诗》更是成为中国文学史悼亡题材的开先河之作，历代被推为第一，成为中国古代文学史上的佳作名篇。潘安用情专一，对发妻杨氏一往情深。妻子不幸早亡后，潘安对她念念不忘，作了3首《悼亡诗》来怀念妻子，用比目鱼比喻夫妻情深，写得缠绵悱恻、情真意切。他的《闲居赋》《秋兴赋》《藉田赋》也是诗赋中的名篇，是那个时代的顶峰。

孔子回车处

在中牟县雁鸣湖镇东漳村文庙街西端有一处孔子回车庙，是祭祀和纪念我国思想家、教育家孔子的地方。民间有孔子回车师项橐的传说：南岩一村童项橐，路撮土筑城为戏，孔子车马至此，子路下车令其躲路，项橐说“只有车躲城，哪有城躲车之理？”孔子闻其村童出语不凡，乃下车与之交谈。项橐说：“子为圣人当无所不知，请问二事，望答之。”项橐问：“鹅为什么声音洪大？”孔子答：“鹅项长，故叫声洪亮。”项橐对曰：“青蛙项短，何以洪亮？”孔子无以对。项橐又问：“松柏为何四季常青？”孔子答：“树心坚实，故四季不凋。”项橐对曰：“竹子空心，为何亦四季不凋？”孔子面赤语塞，曰：“项橐，神童也，仲尼之师。”随令回车躲城。此典故便是《三字经》中“昔仲尼，师项橐”的出处。后人为了纪念孔子谦恭好学和学无止境的精神，在南岩街建起了孔子回车庙，庙内青石刻有“孔子回车处”字样。

箜篌城

第一次知道箜篌是上中学时，课文《孔雀东南飞》中曾记叙：“十三能织素，十四学裁衣，十五弹箜篌，十六诵诗书……”诗中的“箜篌”经专家考证，是一种起始于我国古老的弹弦乐器。第一次见到“形如半边木梳”的箜篌是在中牟举办的这次笔会的采风活动中，并且第一次听到了穿越千古、泠泠似雪山清泉的箜篌之音，知道了箜篌的诞生地是中牟。

史料记载，中牟是箜篌制造的最早地，箜篌文化与中牟的渊源颇深。在中牟县东南 10 公里处有个古城村，村边有座古城遗址，相传是古代的“箜篌城”，现存的箜篌城遗址 2008 年被确定为河南省文物保护单位。有文献记载：“昔师延居此造箜

箜篌演奏（邓红　摄影）

篌，以悦灵公。”考古专家考证后认为，远古时期的箜篌城，周围水草丰盛，竹林繁茂，为制造乐器提供了很好的原材料，箜篌城应属于商代遗存，中国第一个乐神师延及其后代在此繁衍生息并缔造了中华民族的“音乐之声”。箜篌音域宽广，音色柔美清澈，在盛唐时期，箜篌演奏艺术曾达到了相当高的水平。但是这种古老的乐器，从 14 世纪后期便不再流行，以致慢慢消失了，人们只能在以前的壁画和浮雕上看到一些箜篌的图样。

为了拯救失传千年的古老乐器箜篌，为了弘扬和传承箜篌文化，中牟开启了“寻找箜篌传承人”选拔活动，并从 200 多名箜篌及音乐爱好者中遴选出成人 28 名、少年 25 名作为第一批箜篌传承人。我们在中牟非物质文化展示馆就看到了箜篌文化传承者们的演奏，那声音似远古传来的天籁之音，清越空灵。此外，占地 108 亩的箜篌城遗址生态文化公园正在建设中，建成后将成为中牟的又一张文化名片。

雁鸣湖金秋笔会

自 2000 年开始，雁鸣湖金秋笔会已经连续举办了七届，参与人数不断增加、范围不断拓展、规格不断提高。从第一届开始，每届莅临参会的作家都在40人以上，本届达到了52位，其中有30位参加了两次以上。历届参会人员，已经覆盖了全国20多个省份。18年来，中牟已经留下了500多位作家、诗人、学者、记者的足迹，他们用手中的生花妙笔描摹出中牟的日新月异和蓬勃生机，创作出美文佳作1000多篇。此次首发的《雁鸣金秋》诗歌卷、散文卷，更是让中牟和雁鸣湖插上了文学的翅膀，蜚声中外。

作者与著名作家毕淑敏合影（韩达摄影）

本届雁鸣湖金秋笔会上，著名作家、北京市作协副主席毕淑敏说："感谢这两本厚重的、沉甸甸的《雁鸣金秋》诗歌集和散文集，即使没有来过中牟，看这两本书都会对这块美丽而古老的土地有深刻的感受。我们来到了这里，感受会更深切。"虽然是第一次到中牟，但毕淑敏深情回忆了50年前与中牟的渊源。她说："会说中牟话是我50年前的愿望之一。"毕淑敏之所以讲这番话，是因为50年前她在西藏阿里军分区服役时有500多名来自中牟的好儿郎，她就是那个时候通过这些来自潘安故里的战友，了解了中牟，认识了中牟，她特别想学会中

毕淑敏展示中牟战友送她的盘子（邓红　摄影）

牟话，然后可以和500多个中牟兄弟拉家常。她说，中牟因为历史上有牟山而得名，文化源远流长，所以特别希望中牟这么古老而有文化的县域，在传承古老文化的同时，抓住机遇，实现跨越式发展，有一个灿烂辉煌的明天。“希望箜篌能流传到全国，女孩子十五岁都能够弹箜篌，希望全国的少年都有潘安的美姿容、好神情，希望列子御风而行的精神永远在我们血液中流淌。”接着她拿出一个盘子展示给大家看，说是头天晚上和中牟的战友聚会时一个战友送给她的，是西藏阿里军分区50年前的一个盘子。“我希望在阿里军分区的历史上记得有500多位中牟好儿郎曾经开创了西藏阿里军分区光辉的历史。”毕淑敏饱含深情的话语，赢得了与会作家热烈的掌声。

著名作家、文艺评论家、河南省文学院首任院长孙荪说：“我跟中牟的缘分太深了！2012年以后因为眼睛问题，医生建议我少读书，避开喧嚣的城市生活，我就到中牟居住，已在官渡镇住了6年之久，亲眼看到、体会到这半个世纪中牟翻天覆地的变化、日新月异的发展。中牟是个可以抒思古之幽情的地方，有官渡寺、逐鹿营、水溃这些古老的寺院和村庄，这些都是官渡之战的遗迹。历史上中牟有牟山，也和官渡之战有关。现在又造了一座新的牟山，建成了牟山湿地公园，可以感受到当代中牟人巨大的创造力。历史的厚重为我们作家提供了很好的资源，这一切都使人产生创作的欲望。”说到《雁鸣金秋》诗歌卷、散文卷，孙荪院长说：“在中牟这样的小县，文联3个人，18年举办7届笔会，收到1000多篇诗文，编辑成两卷，而且文字、编辑、出版质量都这么高，哪个县能做到这些？！中牟以雁鸣湖金秋笔会为平台，使文化大雁的强劲翅膀飞起来了！”

著名作家的感召力与影响力，带动了更多的人参与文学，他们成为中牟最好的推介者，使更多的人了解中牟，而“雁鸣湖金秋笔会”也逐渐成为享誉国内外文坛的知名文化品牌。对此，著名诗人、评论家何向阳说：“美丽中牟是美丽中国的一个缩影，也可以说是美丽中原的一个缩影。”这句话已经得到了大家的认可。

这一张张文化名片打造着中牟的文化高地，推动着中牟经济的繁荣和发展。相信不远的未来，一个满目繁华、都市田园般的中牟将呈现在我们面前！

扩展阅读：

小城大世界 东方奥兰多

在美国佛罗里达州中部，有一个休闲旅行的好去处——奥兰多市。奥兰多拥有世界上最大的迪士尼乐园、美国境内最大的海洋世界、由华纳兄弟与环球影城公司合作兴建的“哈利波特的魔法世界”，还有老少皆宜的主题乐园及无数的旅游景点，在美国人心目中，奥兰多是世界上最佳的观光地之一。

郑州东部也有一个可与奥兰多媲美的地方，它就是中牟的刘集镇。在2019年5月底举办的“著名作家看中牟”采风活动中，刘集镇以它的绚丽多姿展现在我们面前，犹如一幅迷人的画卷、一颗璀璨的明珠，称它为“东方奥兰多”一点也不为过。

国际化、现代化时尚创意旅游文化聚集地

刘集镇环境优美，水系发达，北有黄河，南有贾鲁河，西部与象湖水系接壤，东部与牟山湿地公园毗邻。随着郑州国家中心城市建设快速推进和郑东新区的迅速东扩，刘集镇处于中牟发展的最前沿，是正在建设的郑州国际化文化创意产业园的主战场、核心区。得天独厚的区域优势吸

引着八方来客，使这里成为投资热土，形成了文化创意、时尚旅游、高端商务三大主导产业。绿博园、华强方特、建业·华谊兄弟电影小镇、海昌海洋公园、王潮歌“只有河南”主题乐园、荷兰冰雪世界、韩国泰迪熊主题公园、雁鸣湖野生动物园等重量级主题旅游项目更纷纷选择落户于此，这里堪称世界级的现代化文化旅游目的地。

非常感谢中牟县文联主席王银玲的邀请，感谢中牟县文联、刘集镇领导及工作人员悉心安排的采风活动，让我们体验到了刘集镇的特色旅游资源、文化创意产业，感受到了刘集镇城乡面貌发生的巨大变化。

与著名作家乔叶（中）、青青（左）在刘集镇方特采风时合影（杨海燕　摄影）

五月的郑州方特旅游度假区，绿树葱葱，花团锦簇，带孩子来此游玩的游客兴致勃勃地在方特欢乐世界、方特梦幻王国、方特水上乐园之间穿梭，高科技酷炫的项目和缤纷多彩的互动演出，使这里成为中原地区最受游客欢迎的旅游景区。结束白天的游玩之后，您可以走进温馨的方特假日酒店。方特假日酒店毗邻方特水上乐园，是结合方特主题乐园的游乐氛围建造的。酒店采用英式维多利亚贵族装饰风格，环境优美，与窗外绚丽的景色相得益彰，构成了一个童话世界。酒店还配有现代化豪华餐厅、花园式西餐厅，以及以传统豫菜为主的中餐厅，能够满足住宿、餐饮、休闲、商务活动等多种需求。

方特旅游度假区对面就是绿博园，当您在方特假日酒店美美地歇息一晚后，可以去近在咫尺的绿博园感受大自然的清新与美丽。绿博园内绿树成荫、草木葱茏、鸟语花香、曲水清润，优美的景色令人沉醉。

电影片场在我们眼中是那么神秘、那么遥不可及，仿佛一个无法触及的世界。位于郑开大道的建业·华谊兄弟电影小镇为我们打开了走进新世界的大门，在这里你可以穿越电影时空隧道，瞬间置身于大上海，逛民国街道集市，身临其境体验电影场景，经历种种奇遇。你可以演在故事里、玩在大片场、吃在电影中、住在剧情里，电影小镇为游客提供最电影、最本土、最人文、最时尚的沉浸式电影实景体验。

中原文化博大精深，是中华民族传统文化的根源，但河南的历史文化却深埋在地下，深藏于书中，缺少展示的载体。由河南建业集团携手著名导演王潮歌共同打造的“只有河南”戏剧公园项目，将再现河南这片土地悠远而深邃的文脉历史。这位《印象刘三姐》《印象丽江》等鸿篇巨制的制作者，将为我们呈现一部令河南人自豪、令世界惊叹的独属于河南的文化作品。

世界顶级的泰迪熊文化中心韩国泰迪熊小镇也落户在郑州国际文化创意产业园，通过建设泰迪熊展馆、主题酒店、泰迪熊乐园等板块，打造多元业态于一体的泰迪熊主题娱乐项目，这将又是人们不容错过的休闲好去处。

而最值得期待的项目，莫过于海昌极地海洋公园了。“面朝大海，春暖花开。”对于生长在内陆的我们来说，大海让多少人心中充满了憧憬，为了心目中这片诗意的远方，我曾经长途跋涉、不远千里、日夜兼程去三亚、去大连、去青岛，感受海风拂面、聆听海鸥歌唱、陶醉海天一色的湛蓝……海昌极地海洋公园以海洋动物展演、冒险体验、水世界为特色打造的主题旅游项目，让我们在家门口就可以享受到海洋带给我们的快乐，体验一流的海洋文化。

还有荷兰冰雪世界、雁鸣湖野生动物园等，这一张张文化创意旅游的新名片将与周边的旅游文化产业项目聚合，形成重要的文化旅游产业集群，这不仅可以满足不同人群的消费需求，同时也将产生强大的产业聚集效应。刘集镇作为“时尚创意旅游文化新城”的承载地和起步区，必将成为区域性文化旅游的胜地。它可以让我们避开拥堵在高速的烦恼，避开那些“看人头”的景区，远离都市的喧嚣来这里度假，轻松实现“吃、住、行、游、购、娱”一站式旅游休闲服务。既可以享受田园风光，又可以体验新派景象，“东方奥兰多”令人期待！

坐拥繁华的新型城镇

参观刘集镇党群服务中心

在刘集镇党委常务副书记李恒的陪同下，我们参观了刘集镇绿博家苑社区党群服务中心。一下车，首先映入眼帘的一幢幢整齐洁净的高楼，李书记告诉我们，这里是绿博家苑1号安置社区，是刘集镇自己的社区。我们看到的绿博家苑社区是新型城镇建设的样板社区，已安置4个行政村1万余人口。为了让群众更快地融入和适应现代社区生活，镇里在党群服务中心的工艺园区开设有老年活动室、青少年活动室、儿童活动室、图书阅览室、书画室等。在该社区我们还看到为让群众获得一技之长实现转岗就业而开办的多种技能培训班。李书记还向我们介绍了近几年刘集镇的发展历程。

刘集镇位于中原经济区、河南省自贸区、郑州都市区、郑州航空港经济综合实验区四区叠加的核心区域，地处郑汴之间，西有商都郑州，东有古都开封，集高铁、轻轨、高速、航空优势于一体，坐拥四通八达之交通要冲。规划中的地铁8号线、12号线直达刘集镇，新郑国际机场30

分钟可至，距中国高铁枢纽郑州东站15分钟车程，已具备国际上最具魅力的“一小时城市圈”的交通条件，便利的交通和显著的区位优势给刘集镇的发展带来了千载难逢的机遇。

刘集镇配套服务完备。占地2000亩的规划设计专业园，目前已有38家具有甲级资质的规划设计类企业落户，建成后将成为全国屈指可数的“设计之城”。紧扣大众消费需求，杉杉奥特莱斯、海宁皮革城等休闲购物景区联动，形成综合吸引力，已然成为中原地区休闲购物的首选地。河南省实验小学、北师大附中、枫杨外国语学校、美国伯利恒综合学校、河南省中医一附院、郑大三附院等高端教育医疗资源正纷至沓来、汇聚刘集镇，刘集镇已成为投资的热土、兴业的宝地。

刘集镇已经告别传统村落，全镇90%以上的群众搬进了社区，住上了高楼美宅，过上了与城里人一样的生活，完成了具有划时代意义的华丽转身，建成了我们现在看到的一个坐拥城市繁华的刘集镇。

魅力四射的“东方奥兰多”刘集镇让人流连忘返，这里让人驻足的不只是青山碧水、花草满地的田园风光，更多的是可以体验各种文化精粹、各种高科技，满足人们对美好生活的需求。相信未来的刘集镇会带给我们更多的惊喜。

黄河流域古代曾兴修过众多令世人瞩目的水利工程，诸如干流上的秦渠、汉渠、唐徕渠等，支流泾河上的郑国渠、汶河上的戴村坝等。这些工程在中国历史发展的进程中都曾发挥过重大的作用。现在让我们把目光转向戴村坝，看看这个被誉为中国北方的“都江堰”昔日的风采。

七分朝天子　三分下江南

京杭大运河是中国古代的一项伟大工程，其兴建和发展均出于当时政治、经济和军事的需要。从春秋战国以来，历代王朝为了维护其统治地位，均以都城为中心，广开渠道，沟通大江大河，发展漕运，逐步形成了贯通南北的水上交通大动脉。戴村坝在疏通大运河中功不可没。

“南旺水脊”显神威

元代建都北京后，漕运就转而以北京为中心，将江南运河、扬州运河、会通河、卫河、通惠河连成一条长线，直达北京，形成了南北大运河。明代大运河作为漕运的要道，最大的问题是山东境内的会通河水源严重不足和黄河经常泛滥而对漕运造成影响。

元至元二十六年（1289 年）开会通河，于汶河上修筑堽城坝，分引汶河水三分之二经洸水至济宁入会通河南北分水，由于济宁不是最高点，分水不畅。明洪武二十四年（1391 年），黄河在原阳决口，会通河淤塞。明成祖朱棣从南京迁都北京，大运河的南北畅通对国家的政治经济就显得极为重要。明永乐九年（1411 年），为解决漕运问题，工部尚书宋礼奉命率领民工 16 万人，疏通会通河，修复堽城坝，引汶济运，但始终未能破解“南旺水脊”的困扰，于是便深入群众，微服私访，多次登门拜访农民水利专家白英，虚心求教。白英被打动后献出良策，建议在汶水下游另修戴村坝，引汶水至运河最高点南旺，作为济运的主要水源，并在分水口南、北建闸控制，以使分流合理。筑坝导汶，就是筑坝拦住下泄汶河水，再开一个小口引水接大运河。戴村坝调节汶河水，依靠的是不同坝段的不同高程和长度，自南向北分为三段，中间高，北端次之，南端最低，各段之间有衔接段。自“南旺水脊”分水，南到徐州入黄河，北到临清入南运河，沿途接纳一些泉流和小河，使会通河全线用水有了保障。这被誉为“三分下江南，七分朝天子”。

由于南旺地势最高，为便于通航，白英又建议在南北河道上建闸 38 座，调节水位，使船只顺利通过。南旺分水口周围还分布着马踏、蜀山、南旺诸湖，可以调节水量，这些湖泊被称为水柜。这些湖泊与引水渠都建有斗门相通，当引水渠来水过大时，首先可经右岸中途的何家坝溢流入运河下游。夏季水大或运河冬修时，将汶河来水泄入湖中，春季和初夏，由湖中放水济运，从而使运河畅通无阻，创造了京杭大运河有史以来的鼎盛时期。

“铁底铜帮银鼎扣”

成功修建戴村坝不只是由于白英熟悉当地地域情况，找准了“南旺水脊”，选准了坝址，设计布局合理，而且他在坝体结构和筑坝技术上也有创新。当地群众中曾流传着“铁底铜帮银鼎扣”之说，赞美戴村坝的坚实耐用。

“铁底铜帮银鼎扣”意为坝底是铁的，坝身是铜的，坝顶是银的，既展示坝体的坚固，又说明修戴村坝时付出了巨大的经济代价，花费了大量金银。传说修戴村坝时，为了多要资金，当朝廷派员到现场检查验收时，就在戴村坝上铺上黄草席，并洒上水，工地负责人将检查验收官员领到附近山上遥望戴村坝，果然金光闪闪，就增拨了大量金银。传说虽然无法考证，但修筑戴村坝确实花费了巨大的人力和财力，特别是在筑坝技术上有许多独特之处，展示了白英的智慧。

戴村坝的坝体是用一块块石头垒起来的，石与石之间的缝隙起初是用石灰粘起来的。白英认为这个方法不行，因为石灰经不住水的浸泡，用不了多久就会渗漏，坝体容易倒塌，质量没有保证。于是他建议用糯米浆和石灰兑成“勾缝剂”，粘住石与石之间的缝隙，坝体才会结实、牢固、耐用。白英的“勾缝剂”为修筑坝体立下了大功。

埋入坝体下的木桩和裹头下部砌垒的大石条也都是依照白英的建议，经过特殊处理，之后发挥了重大的作用。埋入坝体下的木桩既能抗冲抗滑，又能承载坝体的压力，数百年后的今天，依然不腐不朽。单块达十几吨重的大石条，在当时科学技术落后的情况下，从开凿到吊装，都凝聚了白英的智慧。

布衣白英美名扬

由于在疏通京杭大运河（山东段）中宋礼采纳了白英的建议，经过数年的艰苦奋战，困扰山东运河段多年的难题终于得到有效解决，河河相通，渠渠相连，湖湖相依，泉泉相映，使明清两代 500 余年间航运畅通无阻。

白英，字节之，生于元末至正二十三年（1363 年），始祖原籍山西省洪洞县，明朝定鼎初迁居于山东省汶上县城东北彩山之下的白家店村。他自幼聪慧精明，早年随父耕田，熟悉当地的山河地域，特别是对水利有独特的见解。由于他勤奋好学，知识渊博，淡泊名利，为人忠厚，深受百姓爱戴，称他为隐逸君子。当他为疏通大运河作出巨大贡献后，功名倍增，工程竣工后他随宋礼进京领赏，由于在工程建设中劳累过度，途中不幸呕血而死。万民悲痛，遵遗嘱将其遗体运回埋葬于彩山，卒年 56 岁。他虽死犹生，功名永垂于世。他死后历代都为他建庙立祠，传颂业绩。明永乐皇帝追封他为“功漕神”，清乾隆皇帝封他为“永济神”，光绪皇帝封他为“白大王”。他的名字流芳百世，万古长青。

第三章 大河流影

黄河孕育了勤劳而坚韧的黄河人，黄河人为了治理黄河付出了巨大的努力和牺牲，本章《大河流影》中的人物专访，展现了为黄河岁岁安澜作出重大贡献的专家学者的家国情怀和风采。

钱宁教授是我国泥沙研究领域的先驱，也是国际上著名的泥沙专家。2012年12月4日，是钱宁教授90周年诞辰，有关部门在北京召开纪念座谈会，全国政协原副主席、中国工程院院士钱正英，水利部部长陈雷，清华大学党委书记胡和平等出席座谈会并讲话。大家怀着崇敬之情，深切怀念这位为中国大江大河治理作出巨大贡献的水利科学家和教育家。

前望舒使先驱兮

钱宁（1922—1986），浙江杭州人，泥沙运动及河床演变专家、清华大学水利系教授、中国科学院院士（学部委员）。1943年毕业于中央大学土木系，1948年获美国衣阿华大学硕士学位，1951年获加利福尼亚大学博士学位。长期从事泥沙问题研究，倡导了高含沙水流运动机制研究，为我国河流动力学与地貌学相结合研究河床演变作出了重要贡献。主持研究的“集中治理黄河中游粗泥沙来源区”成果，是治黄认识上的一个重大突破。先后著有具有很高理论及实用价值的《泥沙运动力学》《河床演变学》，主编了《高含沙水流运动》。

洋博士的泥沙梦

钱宁出生于1922年，1939年高中毕业后，报考了重庆中央大学土木工程系。在大学里，教授们讲授的黄河历史上的灾害给钱宁留下了深刻的印象。直到20世纪40年代，研究黄河泥沙问题的权威竟是一位外国学者，这大大地激发出钱宁的责任感。为实现他“治理祖国江河”的梦想，1947年，钱宁远渡重洋，赴美留学。他先就读于美国衣阿华大学水利系，在流体力学权威亨特·劳斯教授的指导下获得了硕士学位。后又转伯克利加州大学学习泥沙专业，师从著名的物理学家爱因斯坦之子、国际泥沙权威之一汉斯·阿尔伯特·爱因斯坦教授。在小爱因斯坦的悉心培养下，他刻苦钻研，于1951年取得了博士学位。他们联名发表过多篇学术论文，其中有些结论被许多国家的泥沙学者所引用，他们提出的“动床泥沙模拟试验方法”被称作“爱因斯坦—钱宁方法”。小爱因斯坦夸赞说，钱宁是他最出色的学生。30岁刚刚出头的钱宁，初步奠定了他在国际泥沙界的学术地位。可是，这位青年学者深知黄河是世界上含沙量最多的河流，美国哪有像黄河这样含沙量多的急需治理的江河？而祖国河流泥沙问题严重，最需要去研究、去治理，所以早在加州大学泥沙实验室从事研究工作时，他就暗暗立下誓愿：早日学成归来，报效祖国。

新中国成立后，钱宁毅然放弃了在美国优越的工作和富裕的生活条件，怀揣着他的泥沙梦，克服重重困难，冲破阻力，于1955年6月回到了祖国。钱宁回国后于同年9月就担任了中国科学院水工研究室的研究员。为了实现他的泥沙梦，同年11月他就深入黄河一线进行现场考察，12月4日，在黄河秦厂水文站度过了他33岁生日。他在日记中写道："那天晚上，月华如洗，在床上依稀听到黄河涛声。想到自己终于来到了黄河之滨，今后也有可能为黄河做点工作，不禁心潮澎湃，久久不能入眠。"从那时起，他就将自己的一生同这条世界上含沙量最多的河流连在了一起，为实现泥沙梦找到了用武之地。

钱宁的胸中装着一幅宏伟的蓝图，他要把自己的知识奉献给黄河、长江，也期望着建设起一个世界一流的泥沙实验室，培养出一支高水平的泥沙研究队伍。他经常说，中国有那么多的河流泥沙问题，为我们提供了广阔的用武之地。中国有数量众多的各种类型的河流，而且在不少的河流上修建了水库，发生着剧烈而迅速的河床演变，为我们更快、更全面地掌握河床演变规律提供了客观基础；中国重视野外观测，拥有丰富、完整的泥沙观测资料。他还说，有着像黄河这样河流的中国，理应在泥沙研究领域里走在世界的前列。1958年，随着三门峡工程的兴建，黄河下游河道治理出现了一系列新的问题。钱宁受中国水利水电科学研究院的委派，带领河渠研究所郑州工作组与黄河水利委员会科研所协作，参加黄河下游研究组的领导工作。钱宁终于获得了亲自参加治理黄河的实践机会，从此，他与黄河、与泥沙更紧密地连在了一起。

1973年，钱宁调到清华大学三门峡基地。在这里，钱宁指导师生修建长达400多米的河道泥沙模型，研究葛洲坝水库回水变动区的泥沙冲淤情况和治理措施。当三门峡基地准备撤回

钱宁（中）与清华大学泥沙研究室的同事们一起讨论工作（1983 年）

北京时，他说服学校和教育部领导，在清华大学建立泥沙研究室，以适应今后国家急需的江河泥沙研究。同时，他还与教师逐个谈话，动员他们留在泥沙研究室工作。回校以后，他担任了泥沙研究室主任，一面继续承担研究任务，一面组织教师学习，补充必要的知识，同时，争取水利部和国家科委的资助，在清华园建成了规模宏大、设备先进的泥沙实验室，为全面深入地开展泥沙研究打下了坚实的基础。

黄河是他研究泥沙的主战场

1955 年 6 月，钱宁从美国回国后，就与黄河结下了不解之缘。从 1955 年至 1966 年的 11 年中，他年年都在黄河上考察、参加学术研讨会或参与黄河规划和工程审查。1973 年，在党中央领导的关怀下，他调到清华大学三门峡基地后才又重新接触黄河，在艰难的处境中继续研究黄河泥沙，为黄河治理开发出谋献策。6 年之后的 1979 年，在郑州参加黄河中下游治理学术研讨会时，钱宁发现自己患了癌症才回北京治疗。在这 17 年中，他把黄河作为研究泥沙的主战场，在艰苦的条件下，他默默无闻地迎难而上，把自己的学识、智慧和精力全部倾注到黄河中，以身作则，深入实际，探索实践，求真务实，团结同志，同甘共苦，奋力拼搏，培养带出了一批业务骨干，在泥沙研究中取得了重大突破，为黄河治理及中国大江大河的治理作出了重大贡献。

一位当年同钱宁结识较深的黄河泥沙专家介绍说，1959 年，钱宁在黄河水利委员会协助工作期间，有一天，河南黄河河务局邀请他去看郑州花园口黄河滩地施工中挖出的一座唐墓。他去的目的是比较墓碑基座的高程和黄河现有河床的高程，试图推算出从唐代到现在花园口一带到底淤积了多少泥沙。他从挖出的基坑立面上清楚地看到了历史时期淤积下来的泥沙要比黄河河床面上的泥沙粗得多。这一现象引起了钱宁的极大注意。回郑州后，他就广泛收集各处河床钻孔资料，发现淤积在河床深处的泥沙果真都比表层的泥沙粗。通过科学计算，这部分泥沙绝大部分都是粒径大于 0.05 毫米的颗粒，他就将其称为粗泥沙。按照 20 世纪 50 年代的水文资料统计，进入黄河下游多年平均粗泥沙量有 3 亿～ 4 亿吨，占黄河下游总输沙量的 1/4。这样看来，防止黄河下游泥沙淤积恶化，主要应控制这部分泥沙。那么黄河中游黄土高原的水土流失区，是否会存在一个比较集中的粗泥沙区作为水土保持工作的重点，便成了一个亟待查明的关键性研究课题。1962 年第二次制订黄河规划时，钱宁又来到黄委工作了好长时间，为了进一步探明黄河中游粗泥沙来源分布区，他亲自带领科研人员深入黄河中游现场调查各地地表物质的组成。通过资料分析和现场调查，弄清楚了黄河中游产沙最多的地区（输沙模数大于每平方公里 1 万吨）有三大片，即晋陕支流区、广义的白于山河源区和六盘山河源区。在这三片多沙区中，只有前两片同时是粗沙区，后一片的泥沙比较细。这样，一方面明确了为害黄河下游的主要是粗泥沙，另一方面又查清了在黄河中游确实存在粗泥沙比较集中的产沙区。这项研究取得了初步成果。但是淤积在黄河下游的粗泥沙是否确实来自粗泥沙产沙区呢？还需要作进一步论证。

1973 年，在中央领导的关怀下，钱宁调到清华大学三门峡基地工作后，他又参与了黄河规划工作，又有两次机会到黄河中游考察，他几乎把所有的支流都跑遍了，对黄土高原水土流失区有了较全面的认识。与此同时，他组织力量对 19 年内黄河下游 103 次洪峰逐个进行分析，一方面查明每个洪峰通过黄河下游后，在河道中究竟造成了多少冲刷和淤积；另一方面又利用黄河中游大量水文网站的资料，看看这个洪峰是从哪里产出的。分析结果表明，在 103 次洪峰中有 13 次洪峰来自粗泥沙产沙区，占总洪峰数的 12.6%，但在黄河下游河道中造成的淤积量却占全部洪峰总淤积量的 59.8%。这样，中间环节终于被扣起来了。最后得出的结论是：在黄土高原 48 万平方公里的水土流失区中，有 80% 的粗泥沙来自 10 万平方公里，其中 5 万平方公里的产沙量就占到粗泥沙来沙量的 50%，这 5 万～ 10 万平方公里，应该作为水土保持工作的重点。这是钱宁在黄河泥沙研究中的一个重大突破。这项研究成果获 1982 年国家自然科学奖二等奖。

这位资深黄河泥沙专家动情地说，钱宁在黄河泥沙研究中，从不满足现状和对事物的表面了解，十分重视实践和理论相结合，在实践中探寻“理论生长点”，深入研究事物所揭示的本质和内在的规律，不断开拓新的研究领域。在进行黄河下游河床演变研究中，他科学地总结了黄河下游的演变规律，写出了《黄河下游河床演变》专著。在他的领导下，开展了由研究黄河泥沙运动特殊规律引发出来的高含沙水流的运动规律的研究。短短几年内便引起了国际学术界的高度关注，推动了这项研究工作的深入发展，取得了新的研究成果。

生命不息奋斗不止

自 1979 年钱宁患癌症回北京住院治疗后，就很少有机会再到黄河上考察研究。这突如其来的不治之症，对他是一个极大的打击。有人曾把泥沙比作是黄河的不治之症，正当钱宁潜心研究如何破解黄河的不治之症时，自己则身患了不治之症，心中的痛苦难以言表。他知道自己的时日不多了，就一面积极配合医生治疗，一面争分夺秒地拼命工作，尽快完成自己未竟的事业。

钱宁的主治大夫回忆说，钱宁的病经检查确诊为恶性的左侧肾癌，先后 7 次住院，进行了 3 个疗程的放射性治疗，5 个疗程的化学药物治疗，又动过一次腹部大手术。他顽强地渡过了一次次难关，忍受了种种痛苦，勇敢地接受了各种方式的治疗，其间还不停地思考和工作，表现出了非凡的毅力。

清华大学的一位老教授回忆说，钱宁勤奋好学，令人敬佩！他在住院期间也没有中断学习，我去看望他时，在病房发现他正在阅读一本当时新出版的 Hinze 的巨著《紊动》一书中有关槽流动中猝发现象的论述，他提醒我说，由于发现了猝发现象，许多泥沙运动的模型和理论就要从头搞起了。他的话让我深受感动，一位身患重病的人还这样勤奋学习，汲取新的知识，真值得我们健康的人奋起直追！

清华大学的一位老领导回忆说，钱宁一直关注着长江三峡工程的建设，在死神一步步逼近的时候，他仍在考虑三峡的泥沙问题。他说三峡工程是国家大事，希望大家把工作做好做扎实。1983 年，长江三峡枢纽建设问题上有不少争议，长江三峡的可行性研究中，泥沙是一个极为重要的技术问题，他孜孜不倦地进行研究，抱病去武汉参加研讨会，他说，这是关键时刻，我们一定要为党中央分忧。在住院最后阶段，他还发表了有关三峡泥沙的论文。他的敬业精神感人至深。

钱宁的一位学生回忆说，当得知自己身患绝症时，他说“老天爷要能再给我 5 年时间，我可以把清华这支泥沙队伍带起来，也可以把几本书写出来了。”他对待癌症的坦然态度极少有人可以与之相比。他积极配合治疗，拼命工作，最大限度地利用生命最后阶段的一分一秒。在病床上，只要眼睛还能看，手还能写、还能翻书，他就从来没有停止过思考、写作和阅读。一些最新期刊的文章，都是他首先注意并提醒我们要关心。身边的亲人起初总是劝阻他看书写作，后来慢慢理解了他，只有这样才能减轻病魔缠身的痛苦，也就不再劝阻他了。当他再也没有力气翻书、看书了，就听一听看望他的同志谈工作、谈泥沙、谈试验、谈论文，这也就成了他的一种特殊享受。每当这时，他那瘦得变了形的脸庞上才不时地显露出由衷的笑容。

钱宁对黄河的关注更令人难忘。1985年，钱宁在病中用颤抖的手写下了《“黄学”研究前景广阔》一文。文中说“世界任何一条河流也没有像黄河那样保存有如此浩瀚的历史背景材料，这是祖先传给我们的一份珍贵遗产。要充分利用近代科学的知识进行归纳和阐释，把它总结提高到哲学的高度。黄河泥沙之多是举世闻名的，正是由于这一点，使黄河从坡面到沟道到河流到河口，都有一系列的特殊性。黄河这些独特的性质，一方面为开展科学研究创造了得天独厚的条件，另一方面阐明了这些特点的物理本性，将大大推动科学的发展。”在文章中钱宁特别强调指出：“在人文科学领域里，由于曹雪芹的不朽名著《红楼梦》，激发起几代人的兴趣，出现了一门脍炙人口的‘红学’。如果在自然科学里，大家都来研究黄河，形成一门‘黄学’，可与‘红学’相媲美。”

钱宁在生命垂危之际，依然关注黄河，号召人们研究黄河，使黄河研究升华为“黄学”研究，表现了崇高的理想追求，鼓人志气，催人奋进，令人崇敬！

1986年12月6日凌晨4时30分，钱宁的心脏停止了跳动；12月12日，钱宁遗体告别仪式在北京八宝山革命公墓礼堂举行；12月22日，由钱宁夫人龚维瑶、长子钱心毅、胞弟钱理群及黄委的好友等，在郑州花园口将钱宁的部分骨灰撒入了黄河。

生命就是奉献。钱宁短暂的一生是无私奉献的一生，他对祖国大江大河的巨大贡献已经写进了人们的心里，特别是他从心系黄河、走进黄河、成就黄河、倡导“黄学”、魂归黄河，终于走完了他人生的旅程。他虽死犹生，永远活在人们心中！

林一山，当代水利专家，曾任水利部副部长、顾问，长期担任长江水利委员会主任。毛泽东亲切地称他为“长江王”，周恩来笑称他具有“浪漫主义”色彩，钱正英夸赞他是“能领导水利专家的专家”，林一山的儿子说父亲是“不做大官做大事”的人，一些专家学者尊称他是“辩证思维治理江河”的楷模……林一山为水利事业作出的卓越贡献以及他淡泊名利、勇于开拓的精神，为我们筑起了一座不朽的丰碑。

“长江王”的黄河情

不做大官做大事

林一山的儿子说，父亲一生把官职看得很轻，把事业看得很重。青年时代，父亲就信奉孙中山先生的一句话“要立志做大事，不要立志做大官”。所以，他平生一直践行着“不做大官做大事”的行为准则。

1949 年 2 月，辽沈、平津、淮海三大战役胜利结束，解放战争势如破竹，捷报频传。在“打过长江去，解放全中国”的号令声中，林一山从东北解放区省级官职调任第四野战军南下工作团秘书长（正副团长分别为谭政、陶铸），随军南下。南下途中，他又被中央任命为广西省人民政府第一副主席。他尚未到职，行至武汉时又被中南局挽留出任低一职级的中南军政委员会水利部部长兼长江水利委员会主任，负责接收国民党政府的扬子江委员会，组建长江水利委员会。从此，林一山便与长江结下了不解之缘。

新形势下，思维敏锐的林一山即刻意识到党的中心工作将由解放战争胜利结束和新中国的诞生而转向和平建设新时期，治理长江的新使命将是一场没有硝烟的战斗。强烈的大局意识、责任意识增强了林一山对治理长江的认识和紧迫感。他听从组织安排，不计个人得失，愉快地走上了新的岗位，脱下戎装，转换角色，从头起步，认识长江，研究长江，治理长江，为人民再立新功！

林一山深知三峡工程的分量，它是当今世界最伟大的水利工程，投资大、工期长、难题多，是一块“硬骨头”，拿下它绝非易事，难度可想而知。但林一山没有被困难吓倒，他经过反复研究思考，提出了一个“天梯”战略，决心从易到难、由低到高，一步一个台阶地往上攀登。他把荆江分洪工程作为切入点，先解决荆江河段的防洪燃眉之急，为三峡工程设计赢得时间；接着修建陆水蒲圻水利工程，为缩短三峡工期摸索经验；结合丹江口工程设计，锻炼培养技术人才；先于三峡工程上葛洲坝工程，为三峡工程作好实战准备。

形势的发展未能全部按林一山的设想而顺利向前推进。葛洲坝工程在准备严重不足的情况下开工，施工不到两年，便问题从生，难以为继。1972 年 11 月，成立葛洲坝工程建设委员会，指定林一山为主任，副主任和委员由中央有关部委的主任、部长和湖北省省长担任。恰在此时，林一山不幸患了眼癌。他不顾个人病情，抱病通宵达旦地研究影响葛洲坝工程的技术问题，最终形成了“一体两翼”方案，终于将一个陷于困境的工程建成为一个举世瞩目的、令国人骄傲的工程。林一山又干了一件大事。

林一山生前北京寓所的客厅里挂着的四张巨幅照片荆江分洪闸、丹江口大坝、陆水蒲圻试验坝、葛洲坝陪伴着他的后半生。这四张巨幅照片展现的是长江上的四项重大工程，是林一山在长江上干的四件大事，是他奋斗了大半生的血汗的结晶，是他的“骄子”，是留给后人的“伟业照”。

打铁还需自身硬

“打铁还需自身硬”“没有金刚钻，难揽瓷器活”。长期在林一山领导下工作的一位专家说，这是林一山经常引用的两句民间谚语，也是他给自己及其带领的团队自身能力建设提出的原则与要求。林一山说，治理长江如同打仗一样。打仗，必须懂军事，知己知彼，才能打胜仗；治理长江，必须熟悉长江，精通业务，才能取得成效。他是这样说的，也是这样做的。

转战长江后，为了尽快熟悉长江情况，林一山一上任就查阅古今中外治水著作，认真学习历代治江经验，深入大江上下调查研究，边学习边实践，探索前进，很快就进入了角色，摸清了长江的基本特性。他以战略家的眼光提出，要治好长江必须有一个科学的规划。于是，他就组织人员历时 3 年编制出了以防洪为重点、以水资源利用为主体、涵盖经济建设各个方面的长江流域综合治理规划，为长江治理绘出了一幅蓝图。

林一山在“长江舰”上向毛泽东主席详尽地汇报了长江的基本情况后，毛泽东主席为他对长江的了如指掌所惊叹，称他为“长江王”。当毛泽东主席询问长江流域的气候特点和暴雨分布情况时，林一山摊开长江流域图汇报说，长江流域有两个暴雨区，一个是岭南暴雨区，主要分布在赣江、湘江、资水一带，降雨时间在 4、5、6 三个月；另一个暴雨区是四川盆地西部、东部、北部和三峡地区，还有秦岭以南的汉水流域，降雨时间是 7、8、9 三个月。这两个暴雨区在时间上相互错开，一般不会发生大的灾害。而一旦这两个暴雨区同时降雨，长江河道就不可能安全下泄。但这种机遇一般 5 ～ 10 年可能发生一次。毛泽东主席指示林一山说，要驯服这条大江，一定要认真研究，这是一个科学问题。

在谈到长江水利委员会的技术队伍时，林一山说有工程师 270 名、技术员 1000 多名。1949 年，别的单位不要的工程师，我趁机都接收了，所以工程技术队伍比较强。由此可见林一山的远见卓识，他重才、惜才、爱才，尊重知识、尊重科学，是践行科学技术是第一生产力的楷模。这正是他带领兵强马壮的团队在长江治理开发中攻破一个个难关取得重大成就的法宝。

林一山带领的团队，在长期的治江工作中大胆实践、勇于探索，逐步锻炼成为一支“金刚钻”团队。他依靠这支“金刚钻”，承揽了一件件“瓷器活”，建成了一项项优质工程，取得了一系列重大科技成果。

万里长江，险在荆江。荆江历史上多次溃口，鄂、湘百姓深受其害。林一山上任之初，就深入调查研究，找出了防洪问题的症结在于特殊年份洪水来量超过荆江河道泄洪能力。他提出了“两害相权取其轻”的解决办法：荆江向南分流，开辟分洪区，以少量有计划地淹没，避免北岸出现大范围而无法控制的洪水决堤。1952年动工建设的荆江分洪主体工程，只用了75天就竣工了，创造了水利工程建设史上的奇迹。

20世纪70年代，林一山（右一）在葛洲坝勘察

1958年，林一山领导的“金刚钻”团队在陆水蒲圻兴建大型水利水电综合试验坝（即三峡试验坝），这是中国水利史上第一次采用大块体预制安装筑坝施工方法的试验，成功地探索出了接缝胶结技术，对水电工程施工中胶结坝体裂缝有重要参考价值。此外，他们还进行了垂直升船机、水库拦鱼设施、水文自动测报系统试验等多个试验项目，均取得了成功的经验，陆水试验坝成为三峡工程及各种水利水电设备的试验基地。

1972年，林一山在困境中接受了周恩来总理指定他担任葛洲坝工程技术委员会主任的重任后，抱病带领他的“金刚钻”

团队夜以继日地研究影响葛洲坝工程的技术难题，使葛洲坝工程起死回生，成为享誉世界的优质工程。林一山还以自然辩证法指导长江治水理念，通过水利工程的理论与实践，提出了优化水库调度和运用、延长水库的有效运用、水库移民工程、河流学理论等许多新思维、新见解、新理念。

林一山不愧为一位刻苦钻研、精通业务、自强不息的“能够领导专家的专家”，他带领的团队也不愧为一支技术精湛、团结拼搏、能打硬仗的“金刚钻”团队。

“长江王”的黄河情

林一山关注黄河、研究黄河。一些不知道原委的人误认为他是“手伸得太长了”。谈起这个话题，同林一山有着长期交情的黄河泥沙专家赵业安动情地说，研究黄河不是林一山主动请缨，而是在周恩来总理的多次劝说下才被动“上阵”的。

赵业安深情地介绍了林一山早年的一些工作情况。

众所周知，林一山和王化云两人的交情亲如兄弟、亲密无间，水利界公认两人都是老党员、老干部、由外行变内行的老专家。水利界还曾流传过一句谚语：“一山拦江，化云为雨。”意为长江要建三峡工程，黄河干旱缺水。就是这么一对好朋友，在治理黄河的学术观点上却针锋相对。林一山是“放淤派”，王化云是“拦泥派”。两人的争辩在 1964 年 12 月周恩来总理亲自主持召开的治黄工作会议上达到了顶点。与会专家在会议上虽然各抒己见、众说纷纭，但归纳起来，依然是林一山和王化云两大派。王化云还是坚持修大型拦泥库，上拦下排；林一山依然坚持大放淤，并眉飞色舞地大谈其多种放淤措施和美好前景。会议气氛既严肃又活跃。会后，周恩来总理又指示两人回去后各自规划，并选择出试验点。遵照周恩来总理的指示，两人回去后都做出了规划并选择出试验点。王化云在甘肃庆阳南小河沟做拦泥库试验坝，林一山在河南、山东沿黄一带也选择几个试验点开展试验工作。

王化云和林一山两人进入晚年后，继续遵照周恩来总理的教导，在治理黄河的方略上取长补短、探索前进。王化云的治河方略，从20世纪60年代开始转变，从以“拦”为主转变为“上拦下排”，到80年代又转变为“拦排放调”；林一山也不断到黄河进行调查研究，深化治河方略。两人对利用洪水和泥沙、浑水灌溉、引洪漫地、小流域综合治理、坝系和坝库群用洪用沙、高含沙量洪水淤灌、放淤改土、淤背固堤等措施逐步形成共识，落实了周恩来总理提出的“总的战略是要把黄河治理好，把水土结合起来解决，使水土资源在黄河发挥作用，让黄河成为一条有利于生产的河”的指示。

多彩人生美名扬

林一山的治水业绩获得了人们的认可、称赞和敬佩。他不仅是一位资深的水利专家，而且一生多彩而又奇特。

林一山的儿子说，父亲于1911年6月出生，1934年6月参加革命，1935年9月进入北平师范大学读书，1936年加入中国共产党，曾任北平师范大学地下党中心支部书记，组织参加过“一二·九”学生运动。1937年“七七事变”发生后，遵照党组织指示，他投笔从戎，到胶东地区组织发动武装起义，组建了国民革命军第三军，创建了胶东革命根据地。他带兵打仗，开展武装斗争，参加过数十次战斗。在十多年的战争岁月里，他出生入死、英勇善战、不怕牺牲，流过血、负过伤，身上留下了多处伤疤，由一个文弱的书生磨炼成了武将。他先后担任过胶东特委常委、书记和国民革命军第三军司令员。解放战争初期出任青岛市委书记兼市长，之后又遵照党组织指示，由胶东转战东北地区，曾先后担任过辽南省委书记兼军区政委、辽宁省委副书记兼军区副政委，直到1949年随军南下至武汉才结束了戎马生涯。

父亲具有崇高的革命精神和优秀品质，从不居功自傲。他常说，要多看自己的缺点，少讲成绩功劳，与别人要比贡献，不要比官职享受。听到有人称赞当年父亲在胶东领导的国民革命军第三军第一大队和第二大队现在分别是解放军的王牌第27军和第49军时，父亲则淡淡地说，这有什么可夸的，我既不是共产党的创始人，也不是红军的创始人，和那些革命先辈相比，我根本不值得一提。父亲从学、从军、从政，都有不凡的业绩，官职曾到过省级。父亲从来不提这些，甚至当父亲任职长江水利委员会主任时，有人认为是降职使用，而父亲却说是重用，是转战国家经济建设干大事。所以，他全身心投入，奋力拼搏，一干就是数十年，终于从外行变成了内行，被毛泽东誉为“长江王”，这才是他终生感到最自豪的事。

2007年12月30日林一山逝世后，在为他召开的追悼会上，长江水利委员会送的挽联写道：“近百年岁月，叱咤风云。

十五载戎马生涯，求索北平，驰骋齐鲁，鏖战辽沈，南下荆楚，壮志冲天。矢志不渝也，情操高尚矣，大禹传人难忘林一山。逾万里巨川，奔腾浩荡。六十个治江春秋，辩证问水，三段固本，高峡平湖，南引北济，厥功至伟。哲人其萎乎，余泽长存焉，西陵石壁永镌长江王。”挽联真切地概述了林一山一生的丰功伟绩。

林一山不愧为“长江王”，他波澜壮阔的传奇人生如同一部厚重的书，给人启迪，令人回味……

严恺（1912—2006），我国著名水利学家、教育学家和海岸工程专家，中国科学院院士、中国工程院院士、华东水利学院创始人、河海大学名誉校长、中国水利学会理事长、中国海洋工程学会理事长、联合国教科文组织国际水文计划政府间理事会副主席、国际大坝委员会中国委员会主席。严恺院士终生致力于祖国大江大河的治理和海岸带的综合开发利用，培养了大批水利科技人才，为祖国的水利、教育、海洋事业的建设与发展作出了重大贡献。

严字铸就的水利人生

2012 年 8 月 10 日，严恺院士百岁寿诞纪念座谈会在南京河海大学隆重举行，中共中央政治局委员、国务委员刘延东题词祝贺，水利部部长陈雷、江苏省省长李学勇及教育部、水利部、交通运输部、中国科学院、中国工程院、江苏省等有关单位领导、院士、专家学者出席纪念座谈会。陈雷部长在讲话中强调，严恺院士的一生是为国家富强、民族振兴和水利发展不懈奋斗、无私奉献的一生，他的崇高品德和精神风貌，永远值得我们学习和纪念。陈雷部长号召，要学习他赤诚报国、热爱人民的崇高信念；学习他实事求是、科学严谨的优良作风；学习他敢为人先、勇攀高峰的创新精神；学习他严于律己、清正廉洁的高贵品质。为此，笔者特地采访了严恺院士的亲属、秘书及有关专家教授，将严恺院士的生平事迹做概略的扫描，以飨读者。

严格要求：学海无涯苦作舟

在荷兰，有一个举世闻名的水利工程——东斯海尔德大坝，大坝由62座巨墩支撑，这些巨墩全部用世界上著名科学家的名字命名，这些巨墩中有一个就是用严恺的名字命名的。这样一位在国际水利界享有盛誉的人物，不能不让人心生敬意。

一位长期与严恺院士共事的老同事介绍说，严恺出生于天津，祖籍福建闽侯，其父曾在水师学堂任教授，伯父是清末著名的学者严复。他出生书香门第却好景不长，幼年就失去了双亲，靠在宁波铁路部门工作的二哥严铁生经济帮扶读完了小学、中学。

幼年的不幸锤炼了他直面生活、不屈不挠的性格。他从小就把学习视为获取知识的阶梯，奋勇攀登，养成了勤奋好学、刻苦钻研的学风。自强不息的韧劲，孜孜不倦的钻劲，不做第二的倔劲，这是他刻苦学习、积累知识、增长才干的成才之路。

严恺从小就严格要求自己，加之智慧超人，小学未读完就跳级进了中学，6年中学4年就学完，17岁时以高二学生的身份考入了交通大学唐山工学院土木系。大学期间成绩一直优秀，1933年以全班第一名的成绩领取了大学毕业证。大学毕业后又报考中央研究院选派到荷兰的留学生，以优异成绩成为20世纪

30年代赴荷兰德尔夫特科技大学攻读土木专业的第一个中国人。

在外国留学，外语是很难逾越的一道难关，为此，他在精通英语的基础上，又利用寒暑假及业余时间学习多国语言。1936年暑假，他参加了柏林大学专门为外国人学德语而开设的短训班。为了争分夺秒地抢时间、赶进度，他报了初级班和中级班两个班，上午、下午分别参加两个班的学习，早上、晚上进行复习。学习班结业时，初级班他考了第二名，中级班考了第一名。此后，他又利用暑假和业余时间，自学荷兰语和法语。除英语外，又掌握了德语、荷兰语和法语，为学习外国先进科学技术打下了坚实的基础。

有人问及严恺学习外语的经验，他风趣地说，靠的是两条：一是不要命，二是不要脸。不要命就是你得背，得拼命地记；不要脸就是别不好意思，要多说，尤其是要和外国人说，反正你水平差，别怕人家笑话。

掌握了多种国家的语言为他参与国际交流提供了便利条件。1987年10月，他主持“发展中国家海岸和港口工程国际会议”致闭幕词时，用中、英、法、德、荷、丹麦、阿拉伯等多国语言宣布：下届会议将于1991年在肯尼亚举行，那时再见！台下响起了阵阵热烈的掌声。

严字品牌：结缘江河湖海

仁者乐山，智者乐水。1938年12月，严恺从荷兰留学回国后，先在云南省农田水利贷款委员会任工程师，开始为水利事业服务。1940年被聘任为中央大学教授。不久，就参与了国家的江河治理工作，与祖国的大江大河结下了不解之缘。

1988年3月，严恺在黄河壶口考察

一位水利界的知名老专家介绍说，黄河是世界上最难治理的一条河流，严恺知难而上，1943年参加治理黄河的工作，先后任黄河水利委员会技正兼设计组主任、宁夏工程总队总队长、研究室主任。他身先士卒，深入一线，不畏艰险，调查研究，探索实践，完成了“黄河下游治理计划”“宝鸡峡水电站设计”等技术报告。特别是任黄河水利委员会宁夏工程总队总队长期间，他亲自率领工程技术人员对宁夏地区黄河流域进行了综合的地形和水文测量，提出整个灌区的改进和发展规划，为宁夏黄河的治理开发打下了坚实的基础。新中国成立后，他依然关注着黄河的治理工作。

20世纪40年代，严恺就参与了上海港的建设工作，50年代参与解决长江北岸浦口段坍塌难题，60年代率专家组参加长江上游金沙江流域的勘察与规划，70年代初作为技术顾问一直参与葛洲坝水利枢纽的建设工作，80年代参与了三峡水利枢纽工程的可行性论证工作。三峡工程开工建设后，他又被聘为中国长江三峡工程开发总公司技术委员会顾问，为三峡工程建设出谋划策作出了重大贡献。

严恺多年来还致力于珠江三角洲的整治研究，提出《关于珠江三角洲整治规划报告》，对珠江三角洲的治理方针、防洪排涝和降低地下水位、潮排潮灌、联围筑闸等作了全面论述，提出了整治规划意见，特别是他关于“水沙西调、保护广州、保护伶仃洋海域”的战略思想具有重要的指导意义，并在整治工程的实施中逐步得到体现。

众所周知，我国是一个大陆国家，也是一个海洋国家，18000 公里的海岸线涉及 10 个省（自治区），200 海里大陆架和漫长的海岸线不但蕴藏着各种丰富的资源，还为构筑港口和世界交流提供了便利，使得东南沿海地区成为改革开放中最具活力的经济带。但桀骜不驯的大海也会带来灾难，风暴潮、海啸、强台风时常冲垮海堤、海塘，使海水倒灌，给沿海城市带来破坏，造成重大损失。严恺勇挑重担，利用自己的学识，早在 20 世纪 40 年代就参与钱塘江海塘设计工作。那时由于潮水屡次冲毁钱塘江口的海塘，威胁人民生命财产安全，严恺针对传统的岸壁式直墙海塘的弱点，大胆创新，设计出新型的斜坡式海塘，采取“软对抗”的方法，避免了“硬碰硬”的撞击，这种海塘既抗潮涌又耐久实用，至今仍屹立在杭州湾北岸。20 世纪 60 年代，他又在福建莆田设计修筑了斜坡式海塘，效果依然很好，进一步验证了这项技术的先进性和实用性。他还在福建省莆田和浙江省慈溪分别建立风浪与海堤相互作用和保滩促淤实验站，为制定海岸防护国家规范提供了科学依据。

20 世纪 80 年代初，严恺又受命担任全国海岸带和海涂资源综合调查的技术指导工作，这是我国加快海洋国土开发的一项重要工作，年逾七旬的严恺又披挂上阵，率领上万名科技人员，踏遍10个省（自治区）所有沿海的市县，对18000公里的海岸带开展了多学科的综合调查研究，建立了翔实丰富的档案资料库，为我国沿海带及海涂资源的开发利用提供了重要依据。他主持完成的调查报告被评为1992年国家科技进步奖一等奖，为国家海岸带资源的保护与利用立了大功。

2012年8月10日，水利部部长陈雷在严恺百年诞辰纪念会上的讲话，对严恺为祖国江河湖海治理作出的贡献给予了高度评价。陈部长说，严恺参与了黄河治理、淮河治理、太湖治理及葛洲坝、三峡、南水北调等重大工程的技术咨询和论证工作，为祖国的江河治理和重大工程建设作出了突出贡献。

爱国、为民、干事、创业，是严恺院士建功立业的奋斗目标，他用辛勤的汗水和无私的奉献撒播在江河湖海的情与爱，将永远铭记在人们的心中！

严于治学：十六字校训铸校魂

严恺不只是一位知名的水利学家，也是一位知名的教育家。他为人师表，教书育人，为祖国培养了大批有用的建设人才，特别是他创办的新中国第一所水利高等院校——华东水利学院（现河海大学），更是享誉国内外。

一位长期与严恺共事的老教授介绍说，严恺曾先后参与组建了上海交通大学、南京大学、浙江大学、同济大学等多所高校的水利专业。又受命组建新中国第一所水利高等院校——华东水利学院，并长期担任学校的主要领导职务。建校初期，他身先士卒，率领师生员工艰苦创业，在草棚搭建的校舍中给学生上课，在简陋的运动场上同学生一起参与竞走项目，朴实、民主、以身作则的作风，建校伊始就给师生留下了极好的印象。

创业艰难，筚路蓝缕，师资为贵。当时华东水利学院只有16名教授，5名副教授，8名讲师，17名助教。为了组建一支过硬的师资队伍，严恺凭借自己在水利界和教育界多年的影响力，到各个名校去游说，登门拜访。建校初期的校舍都是租借来的，靠这样简陋的条件，怎能吸引来知名教授。于是，严恺力排众议，在条件许可的情况下，下大力气，先从改善教师的住宿条件入手，消除了教授们的后顾之忧，从同济大学、南京大学、交通大学、浙江大学等知名高校挖来了一批知名教授和水利教育精英，逐步壮大了师资队伍，为建校开好头、起好步打下了稳固的基础，使教育质量得到保证。

更令人敬佩的是，严恺倡导的“艰苦朴素，实事求是，严格要求，勇于探索”的十六字校训。严恺对十六字校训作了精辟的解读：“水利是艰苦的事业，所以在生活上一定要艰苦朴素。作为一名科技工作者，要坚持实事求是的原则，科学来不得半点马虎，要严格要求，还要有创新精神，才能有独特成就。”在办学实践中，十六字校训成为严恺治学、治校的宗旨和魂魄，是严恺留给全校师生宝贵的精神财富。严恺身先士卒，身体力行，以身作则，是贯彻执行十六字校训的楷模。在治学上他严格要求，一丝不苟。学校创建初期，条件艰苦，有个系汇报时说有3个学生闹情绪，不好好上课，影响很坏，且屡教不改，提请校领导处理。严恺一听，生气地说，水利是艰苦的事业，现在这点苦都吃不了，将来工作后怎么为人民服务，立马对3个学生作了严肃处理。严恺的“严”是一视同仁，对己对人、对差生好生一个样。比如20世纪80年代初，严恺指导的一名研究生自认为有大名鼎鼎的严恺导师指导，怎么样学都能顺利获取学位，所以平时学习不用心，该做的试验偷工减料，数据收集得比较马虎。写的论文经严恺多次审查并责令修改，始终不符合质量要求，最后不能参加论文答辩，自食其果，没能拿到硕士学位。

昔日的华东水利学院，今日的河海大学，已经发展成为拥有13个专业学院，以水利为特色，水资源开发、利用、治理、配置、节约和保护为重点，工科为主，文、理、经、管、法多学科协调发展，是国家“211工程”重点建设高校之一。这些都凝聚着严恺院士的智慧、心血和汗水。

严恺重才、爱才，千方百计培养重点人才。1995年，他用自己的稿费、咨询费设立了“严恺教育科技基金”，奖励学校教学和学习成绩好的师生及全国水利系统的优秀科技人员。多年来，严恺院士一直关心着这件事，2004年10月，他曾在遗嘱中写道：“回顾余之一生，从事水利事业近70年，其中为华东水利学院及河海大学服务52年。大半生的教育生涯，学校之情、师生之谊难以言表！经过几代华水人、河海人艰苦创业，励精图治，学校事业取得了很大的进步，为国家培养了近10万水利及有关专业人才，特别是近些年来各方面工作的成绩令人振奋，也使我这个当年有幸受命筹建‘华水’的老人倍感欣慰。我决定从我的日常积蓄中再拿出20万元投入到‘严恺教育科技基金’中，使之能在培养国家教育和水利建设人才中继续发挥作用，也算我实践‘为祖国四化大业献吾余生’之诺言……”

严恺院士在离开人世之前再次向世人展示了他的高尚情怀，他无愧于教书育人的典范！

严于律己：清正廉洁的楷模

一位长期担任严恺秘书的同志介绍说，严恺既是知名的专家学者，又长期担任要职，但他始终坚守着廉洁奉公、一尘不染的原则，把廉洁从政、无私奉献、明明白白办事、堂堂正正做人作为行为的准则，受到了人们的尊敬和爱戴。

严恺把自己的精力全部倾注在工作上，始终过着简朴的生活。他因公出差在外对迎来送往和公款大吃大喝非常反感。所以，他每到一些省市去考察时，总是先给接待单位打招呼“约法三章”，一不吃请，二不收礼，三不兴师动众。但时下这种恶习难改，吃饭顿顿都是摆宴席，他虽看不惯却制止不了，只好采取消极的“软抗法”，说自己胃口不好，只要一碗面条，很快吃完就离席。遇到送礼，他总是严词拒绝，不留情面。有一次他到江苏某地去考察港口选址工作，连续紧张忙碌了 3 天，为港口建设提出了中肯科学的建议。当地负责人要给他酬金，他当面谢绝，送礼品他依然拒收。接待人员误认为是他当面不好意思拿。严恺走后没几天，当地负责人又带上礼品送到河海大学他的办公室，他毫不客气地说，我到你们那里工作是应该的，在你们那里不收礼，在学校依然不收礼，有工作上的事咱们就坐下来谈，没有工作上的事就把礼品带回去。严恺的“严”真是无缝插针。

1966 年，严恺带领几位同志到北京出差，由于一般招待所都满员了，接待单位就把他安排到北京饭店，只住了一个晚上，他嫌费用昂贵主动要求搬了出来，他请接待单位借来几条被子和随同人员晚上一起睡到办公桌上过夜，接待单位的同志深受感动。20 世纪 90 年代初的一个春节前夕，南京水利科学研究院的党委书记和院长前来给严恺拜年，并带来 2000 元现金作为他担任该院名誉院长的奖金，他坚决不收。他说，我只是挂名的名誉院长，怎能收奖金。对方坚持要给，后来实在推辞不掉，他就叫书记把奖金拿回去作为党费交给党组织。这就是一位高级知识分子党员坚守廉洁奉公的底线。

有一次，严恺出国参加一个学术交流会，按规定，当时的水利电力部发补助费 2390 法郎，联合国教科文组织发生活费 2304 法郎，实际上在国外期间总花费只有 972.4 法郎。回国后，他把节余的 3721.6 法郎全部如数上交给国家，除抵消水利电力部发给他的 2390 法郎外，这次因公出国不但未花国家一分钱，还为国家赚了 1000 多法郎的外汇。

严恺还有两件“宝物”被人们广为传颂。一件是皮布面旧大衣，另一件是一块旧怀表。这两件“宝物”都是 60 年前买的，一直陪伴着他舍不得丢弃。旧大衣是他 20 世纪 30 年代在荷兰留学时回国到黄河上中游实习做测量工作时购置的御寒衣，几十年来每年冬天他依然穿着这件沉重的旧大衣御寒，别人劝他换件呢子大衣或轻裘大衣，他始终未换；旧怀表也是 20 世纪 30 年代在荷兰留学时买的，也依然随身携带，每次主持会议，他总是先掏出怀表放在桌上，掌握开会时间。这两件“宝物”成了严恺院士艰苦朴素的历史见证。

钱正英老部长为《严恺传》所写序言中有一段话对严恺作

了高度的评价：他姓严，确实是严字当头，严于律己，严于治校。他身体力行地实践“十六字校训”，一丝不苟地求学问，一丝不苟地工作，一丝不苟地做人，几十年如一日。他不仅为河海大学，也为水利界树立了一个光辉榜样。让我们仔细地品味老部长这段话，并从中受到启迪，学习严恺院士好榜样，以实际行动纪念严恺院士百年诞辰。

王浩，1953年8月生于北京，水文水资源专家，中国工程院院士，教授级高工，博士生导师，国务院政府特殊津贴专家。他长期从事水文水资源研究，原创性地提出了“自然－人工”二元水循环理论，在水资源监测、模拟、评价、配置、调度、保护与管理等方面均作出了重要贡献，取得了多项重大科研成果。其中获得国家科学技术进步奖二等奖6次、省部级奖励17次，发表学术论文200余篇，出版专著20余部。曾荣获“九五”国家重点科技攻关计划先进个人、全国杰出专业技术人才、全国“先进工作者”等多项荣誉称号。

攀登在破解困局的水路上

王浩院士

2012年9月26日上午，王浩院士抱病在第五届黄河国际论坛“江河综合调度”专题会上作了题为《两纵四横巨型水资源系统综合调度设想》的报告。作为中国水资源领域的领军人物，王浩院士的报告引起了与会者的极大关注。

作者曾拜读过王浩院士有关中国水资源问题的相关著作，研读了他的一些背景资料，十分尊崇他独特而富有哲理的思维模式，早就想对他进行面对面的采访。但从侧面得知，为了破解中国水资源瓶颈，他长期超负荷工作，每天睡眠不足 4 小时，我实在不忍心去打扰他，就趁他参加第五届黄河国际论坛的间隙，对他和他的助手作了短暂的采访。

踏遍江河寻良策

1977 年联合国的水资源会议上，曾有科学家预言：水问题将会成为人类社会发展中的下一个危机。中国是世界上缺水严重的国家之一，中国水资源的现状验证了这位科学家的预言。

王浩院士长期从事水资源研究，取得了多项重大科研成果，并获得了多项科技成果奖，为破解中国水资源瓶颈作出了重大贡献。那么他是怎样与中国的水资源结下了不解之缘的呢？

谈起这个话题，王浩院士说，从 1985 年他从清华大学水利系研究生毕业，分配到中国水利水电科学研究院那天起，他就与水资源研究结下了不解之缘，并且一干就是 28 年。他坦诚地说，既然选择了这个专业，就要扎扎实实地认真干好。

王浩院士（右）与刘昌明院士在考察途中交谈

众所周知，水利是个艰苦而又清贫的行业，从事水资源研究，就必须从基础工作做起，走近江河湖泊，把所学到的专业理论知识同实践有机结合，广泛开展调查研究，掌握第一手资料，为水利决策提供科学依据。

他的助手说，王老师为探寻破解水资源问题的良策，长期奔波在祖国的江河一线，从雪域高原到东海之滨，从南国海岛到北国边陲，攀高山、穿峡谷、蹚激流、跨平原，哪里有河流，哪里就有他的足迹。为搞好“九五”攻关项目，他多次赴西北各省（区）实地调研，足迹遍布了整个大西北，常常是三四个月不回家。在海南省水资源规划的编制过程中，他一去就是一年。为此，他非常感激家人的全力支持与谅解。从江河实地考察到工程引水线路的论证并付诸实施，他已为南水北调东线和中线工程付出了整整16年辛勤的汗水。

实践出真知，辛勤的汗水换来了丰硕的回报。以南水北调工程为例，1952年，毛泽东主席视察黄河时就曾说过“南方水多，北方水少，如有可能，借一点来也是可以的”。那么南方水多到什么程度，北方水又少到何种地步，就得有具体的、准确的数据做论证的依据。通过多年的实地考察，王浩院士逐步摸清了我国南北方水资源的家底，对大江大河水资源分布的实况了如指掌。他说，中国是世界上缺水严重的国家之一，世界人均水量为7800立方米，而中国人均水量只有2100立方米，在有水资源量统计的153个国家中排名121位。同时，中国水资源的分布很不均衡，全国的水资源总量是28000亿立方米，南方的长江流域、珠江流域及东南诸河、西南诸河4个流域的水资源占全国水资源总量的84%，特别是长江流域就有10000亿立方米的水资源量，相当于25条黄河。淮河、黄河、海河、辽河、松花江、内陆河等北方的6个一级流域的水资源，只占全国水资源总量的16%。而这6个一级流域的耕地面积却占全国耕地总面积的65%以上，且都是国家粮食生产的主产区。这足以说明南水北调的构想是合理的、可行的，是破解中国水资源困局的重要措施之一。

南水北调是一项宏伟的调水工程，分东线、中线、西线三条引水线路，与长江、淮河、黄河、海河相互连接，整体构成了我国“三纵四横、南北调配、东西互济”水资源总体格局。总调水规模达到448亿立方米，相当于给北方地区新开辟了一条黄河，直接惠及人口达5亿人以上，润泽15个省（自治区、直辖市），可为44座大中城市缺水问题的解决提供重要抓手。东线、中线工程正在加紧建设，将分别于2013年和2014年建成通水，造福人民。

开拓创新破瓶颈

经过多年理论与实践相结合的探索研究，王浩院士在水资源监测、模拟、评价、配置、调度和保护与管理等研究方面均取得了突出的成就，原创性地构建了“自然—人工”二元水循环理论与方法、流域水资源全口径层次化的动态评价方法、基于“三次供需平衡”的水资源规划理论与方法、水资源优化配置理论等多项重大科研成果，这些成果不仅广泛应用于中国水利的实践，为破解中国水资源瓶颈提供了强有力的科技支撑，而且也为世界上同类地区所使用。

谈及多项水资源科技成果的取得，王浩院士深有感触地说，每项科研成果的取得都是压力逼出来的。因为每接受一项科研项目大都是新形势下出现的新情况新问题，要研究解决这些新情况新问题，就必须探寻出解决的好办法，这就迫使你要去思考去创新。创新的原动力是“问题”，创新的目的是“解决问题”。

这个富有哲理的新话题引发了记者极大的兴趣，于是就紧追不舍地探究下去。

王浩院士解读说，以往许多人在对水的认识上有个误区，总是错误地认为水是取之不尽、用之不竭的。而实际上水是很少的、有限的。地球上的水只有3%是淡水，淡水里也只有0.2%是河流的水。一条河流有两个功能，一个是生态服务功能，另一个是社会经济服务功能。为了发展社会经济，在高速的城市化、工业化建设中，大量地从河流取水，河流的水少了，生态服务功能就降低了，断流、缺水问题就突出了。所以，水资源紧缺既有自然因素，也有社会人为因素，自然因素容易被人们认知，而社会人为因素则往往被人们所忽视。“自然—人工”二元水循环理论与方法的研究，就是由此问题切入的。

王浩院士解析说，流域水循环由两部分构成，一部分是由自然的降雨、蒸发、入渗、产流、汇流、补给、排泄这些基本环节组成的自然水循环；另一部分是由人为社会活动的取水、输水、用水、排水、再生利用等形成的社会水循环。自然水循环和社会水循环相互依存、相互制约、相互作用，改变了自然水循环的基本模式，并产生了系列资源、生态和环境效应。因此，要解决各类水问题，就必须从流域水循环演变的机制出发，对它进行模拟和调控。比如，缺水问题是由于自然水循环和社会水循环演变失衡而造成的；生态退化是由于与水循环伴生的生态过程演变失衡而造成的；水污染问题是由于与水循环伴生的水化学过程的演变失衡而造成的；水土流失是由于与水循环伴生的水沙过程演变失衡而造成的……我们对这一连串的问题进行了系统的研究，探究其内在的机制，提出了“自然－社会”二元水循环模式理论，把由传统水循环的“实测－还原－建模－调控”的一元水循环模式，拓展为“实测－分离－耦合－建模－调控”的二元水循环模式。二元水循环模式创新理论引起了国内外广泛关注，已应用于全国水资源综合规划及黄河流域水资源评价中，并已荣获国家科技进步奖二等奖。

王浩院士说，众所周知，在我国一方面是水资源紧缺，另一方面是水资源利用效率不高，浪费严重。因此，要破解水资源困局，一方面是广开水源；另一方面则要大力提倡节约用水，提高用水效率，特别是后者。由于水资源浪费问题十分严重，节约水资源就成为一个亟待解决的重大问题。要解决节水问题，就必须首先解决水价这个经济杠杆问题。比如一瓶矿泉水两元钱，而一两元钱就能买百十立方米黄河水，水价太低了，人们没有节水意识。不提高水价，节水就成为一句空话。一讲提高水价，许多人就会反对……对于这一连串的问题，如果能探寻出一种合理有效的解决办法，就是一种创新。基于这种认识，我们就认真思考研究探索水资源的优化配置和全流域的统一调度管理问题，这就是“多层次多目标群决策”水资源优化配置理论研究的切入点。

王浩院士解析说，对流域而言，它的上中下游和左右两岸是一个整体，对水资源必须统筹考虑，不能“近水楼台先得月”，不能“水从门前过，想咋用就咋用”，否则就会出现问题、出现矛盾，许多河流的断流、生态恶化就是由此造成的。因此，对水资源必须实行全流域统一管理，首先把人与自然和谐最为必要的生态水也就是全流域的公共财产留出来，由流域机构代管，剩下的水再分给流域的各省、市、县、乡。分水的时候又有很多的科技含量，诸如人均用水权大体相等的原则、尊重在现状的基础上逐步调整的原则、丰增枯减的原则、市场经济的原则、某些产水地由于特殊的地理环境而发展缓慢给其未来生存发展空间多留一点余地的原则……这些原则就组成了多个目标、多个决策主体的一套复杂的分水模式。经过这套模式计算出来给各个省多少水，然后经过民主协商，征求各省意见，再经过国家水利行政主管部门和国务院的仲裁，最后才能把分水指标层层分解下去。这就是“多层次多目标群决策”水资源优化配置理论的基本框架。上述理论已在黄河、松花江、辽河、黑河、塔里木河等流域实施应用，该项成果已荣获国家科技进步奖二等奖。

成功之路无捷径

王浩院士经过 20 多年的不懈努力，为破解中国水资源困局作出了巨大的贡献，取得了多项重大科研成果，获得了多种奖励和荣誉称号，可谓功成名就。但每当人们问及他的成功秘诀时，他总是谦虚地说，自己虽然在水资源研究方面取得了一些成果并应用于中国水利的实践，得到了人们的认可，但谈不上有什么成功的秘诀，只能说是得益于“天时地利人和”。

对于“天时地利人和”的内涵，王浩院士的解析是，“天时”是指作为改革开放时期第一届高校毕业生，当时国家正处于百废待兴之时，自己赶上了好时机；“地利”是指从清华大学毕业后就分配到中国水利水电科学研究院这个水利系统屈指可数的大科研单位，这里项目多、老专家多，自己年富力强，有条件、有机会到全国的江河一线实地考察调研，锻炼成长；“人和”是指中国水利水电科学研究院既有良好的科研环境，又有经验丰富、德高望重的老专家指导，同事之间密切配合、相互学习、和谐相处、干事创业，这一切都成就了自己。

按一般的思维，他的成功之路可以从不同的角度梳理总结出多条经验，比如“勤奋学习、刻苦钻研、深入实践、勇于探索、开拓创新”等，而他却换个视角作了解析。他的解析，看似平淡无奇，却含金量极高。透过“天时地利人和”6个字，展示了他的内在美，引领人们走进了他的精神世界：谦虚大度的高尚品德、团结和谐的凝聚力、无私奉献的忘我精神、开拓进取的创新精神。

王浩院士献身水资源研究的无私奉献精神，使他养成了一种独特的思维模式，他的大脑经常处于思考状态。每当他思考到一个关键性的重大问题时，他总是习惯性地不分昼夜地一直思考下去。说到此，他的助手给记者讲了一个“夜半敲门声”的故事：以前同事和王老师一起出差，他经常后半夜敲开同事房间的门，一起讨论科研问题。现在，他搬到水科院家属院里住，更是便利得很，一般在晚上 10 ～ 12 点会敲开相关同事家的门。有时即使同事或助手都入睡了，他也会把他们喊醒，继续研究讨论科学问题。为此，大家笑称他的行为为“夜半敲门声”。

王浩院士的助手介绍说，王老师惜时如金。有一次，中央电视台约请他参加现场直播采访，他身着西服脚穿凉鞋走进了演播室。主持人见状提出了疑问，王老师解释说，这也是无奈之举，因患有腰椎病，若穿皮鞋，不能弯腰系鞋带，穿凉鞋既可解除弯腰系鞋带之苦，又能节省时间。主持人顿时变疑问为敬佩，随即向观众作了解释：“对于这样一位为了我们的水资源的问题而四处奔走的科学家，我们大家是不会介意他的穿着的。”

小事见真情。小故事，大道理，体现的便是王院士的精神风貌。

与时俱进永向前

水是生命之源、生产之要、生态之基。随着治水理念的不断提升，可持续治水思路的不断完善，水资源问题越来越受到重视。特别是中央从可持续发展的战略高度提出要在我国实行最严格的水资源管理制度，王浩院士备受鼓舞。他紧跟形势，与时俱进，以“三条红线”的建立与贯彻落实为切入点，为实施最严格水资源管理制度建言献策，提供科技支撑。

他认为，实行最严格水资源管理制度，关键是落实“三条红线”，即用水总量控制、用水效率控制、水功能区纳污限制。

而水资源调度则是实现流域水资源配置的基本途径，是落实用水总量控制的重要抓手，是实行最严格水资源管理制度的基础性工作。因此，他带领他的团队，积极谋划，提出了以用水总量模型确定用水总量控制指标、实施用水效率控制红线的关键技术问题、建立水功能区限制排污总量技术体系等技术支撑的具体措施。

他说，目前我国已经实现了黄河、黑河、塔里木河的水量统一调度，其他江河也开始进行或正在积极筹划。水资源调度领域的拓展，为促进我国水资源的合理配置发挥了重要作用，但却呈现出“四多四少”的基本特点，即点上自发实践多，面上规范管理少；应急调度多、常规调度少；单个水利工程调度多，流域水资源综合调度少；行政手段运用多，市场手段运用少。因此，他认为必须以综合效益最大为指导思想，注重区域内子区间、部门间的协调，实现可持续发展；因地制宜，统筹兼顾，制定水资源调度目标；积极开展水库群联合调度、地表水地下水联合调度；重视水权、需水管理等方面研究。

他分析说，我国水资源供需矛盾突出，上游挤占下游用水、生产用水挤占生态用水是近年来多处地区生态环境恶化的主要原因。实施用水总量控制，就是要改变各自用水的旧思路，以统筹的思想进行大区域的水资源配置，以联系的视角进行子区域的水资源开发利用。坚持以科学发展观为指导，坚持人与自然和谐相处，以综合效益最大化为水资源调度指导思想，注重区域内子区间、部门间的协调，不仅要兼顾经济、社会发展和生态系统保护，还要兼顾地区之间的公平发展。

随着经济社会的快速发展，社会对水资源调度功能的需求日益多元化，如实现经济效益、防洪抗旱、生态脆弱地区综合治理、保障供水安全、保障水质安全等。由于水资源调度涉及多个部门，调度中要加强与各部门的沟通与协调，统筹各方面的利益，提供更为实际的多元化功能的水资源调度服务。随着我国河流大规模梯级开发和水电站群逐渐投入运行，大型水库群运行调度管理日趋复杂。因此，要积极开展水库群联合调度、地表水地下水联合调度、生态友好型调度、洪水管理等多项研究工作。开展水量调度还应明晰用水权益，耦合需水管理，提升水资源调度的科学性、合理性。

超前思维，谋划未来。针对水资源面临的新形势、新格局，王浩院士在第五届黄河国际论坛会上作了题为《两纵四横巨型水资源系统综合调度设想》的学术报告，概述了为应对2013年和2014年南水北调东线、中线工程建成通水后与长江、淮河、黄河、海河相互连通，构成两纵四横巨型水资源系统的新格局，超前对黄河流域、淮河流域、海河流域的水资源统筹安排提出了调度设想，分析了长期干旱缺水的黄淮海地区面临的新形势、新任务应采取的新举措，受到与会专家学者的关注。

山仑院士长期从事作物抗旱生理和旱地农业研究，开辟了旱地农业生理生态研究新领域，在提高半干旱地区农田降水利用效率综合技术途径、有限水高效利用的生理生态基础等方面做了系统的研究工作，取得了多项成果，产生了显著的经济效益与社会效益。他从植物需水与半干旱地区农业水环境之间的关系出发，提出了作物对多变低水环境适应性的科学概念，证实多种作物在一定生育阶段适度水分亏缺可产生生长、生理和产量形成上的补偿效应，节水与增产目标可以同时实现，为推行节水农业提供了有力依据，提出了“生物节水”的新理念。据了解，不少人对此比较陌生。因此，作者请山仑院士解析了“生物节水”的理念和内涵，以飨读者。

生物节水的倡导者

他在植物身上找水，推动了“生物节水”的发展与应用

山仑院士长期从事植物抗旱生理及旱地农业与节水农业研究，既有渊博深厚的专业基础，又十分注重理论知识与生产实践相结合，是一位研究成果丰硕、德高望重的科学家。对于“生

物节水”这个新话题，山仑院士解释说，通过提高植物自身的水分利用效率和抗旱性，进而达到节水增产的目的，农业专家就称之为“生物节水”。

谈及对“生物节水”的研究，山仑院士说，那得从 50 多年前我在苏联留学时说起。

山仑院士在实验室

山仑院士回忆说，1960—1962 年，我在苏联科学院植物生理研究所攻读研究生期间，用 C14 示踪方法做供水效果试验中发现，小麦灌溉期间受旱后加速了当时光合产物向籽粒的运转，一个时期内籽粒增重显著高于充足供水植株，因这一结果有点出乎意料，加之导师又属于当时的“充分灌溉学派”，故在学位论文和当时发表的文章中只列出了这一现象，未作进一步深入讨论。回国后又多次重复这一试验，得到证实，并在田间条件下获得该时期减少 1/3 供水量不影响最终产量的研究结果。由此得到启示，我们研究组围绕植物如何高效用水这一中心问题，从实验室到田间，利用多种作物开展了更为广泛的研究与示范，进一步证实了一定生育阶段适度水分亏缺对植物的有益作用，提出了节水与增产目标可以同时实现的生理生态学依据。

山仑院士深有感触地说，实践出真知。在我的科学生涯中，大部分时间是在农村蹲点或试验基点中度过的。1965 年，由我带队共 7 人被派往山西省吕梁市离石县（现为柳林县）孟门公社五里后村。这是一个典型的小山村，位于黄河峡谷地区，以从村里到所在公社要走约 5 里有险情的山路而得名。我们 7 个人利用各自的专业知识在统一安排下与村民一起建成一批高质量的水平梯田，并通过少量补水方法使全村冬小麦得以按时播种，且保证了全苗，受到山西省各级领导的重视与好评，他们认为从中国科学院过来的科技人员能够为生产解决难题。这使我开始有了植物生理与旱地农业结合研究的初步思考。这一年我目睹了大田作物从正常生长到逐渐枯萎的整个过程，看到了各类作物在干旱情况下所展示的千姿百态，尤其是七八月旱象加剧，植株中午发生萎蔫，傍晚表现各异，清晨不同程度恢复正常的情景引起了我极大的兴趣。那时，我每天数次到不同田间地头进行观察记录，以掌握旱情与作物生长发育关系的第一手资料，同时利用有限的试验手段展开了一系列试验研究，得出了“与其他作物相比，高粱叶片具有在低水分含量下保持较高膨压能力，即渗透调节与较高代谢水平并存能力”的结论；发现了“玉米虽对水分十分敏感，但其生长后期抗旱性显著增强”的规律；根据生长正常的玉米地土壤含水量反比萎蔫严重的玉米地低得多的现象，为日后提出“黄土高原产量低下的主要原因不是降水不足，而是对降水未能充分利用，低产条件下产量提高 1 倍的主要限制因素是肥而不是水”的判断提供了直观依据。

山仑院士兴奋地说，在五里后村的蹲点经历，为我的研究课题打下了坚实的基础。自 20 世纪 70 年代后期以来，我们研究组一直以实验室、田间、基点相结合的方法开展提高植物水分利用效率和抗旱性的研究，特别注重农业少量水高效利用问题的探讨，先后在宁夏固原、陕西富平、甘肃定西等地进行试验示范，取得了较好效果。1991 年，我在《应用生态学报》发表了《节水农业及其生理生态基础》一文，提出了与工程节水和农艺节水并列的生物节水理念，阐明了与产量有关的不同生理过程受干旱后的受损顺序，并论证了节水与增产目标得以同时实现的可能性，被学术界广泛引用。2006 年在《中国科学基金》（中英文版）发表了《生物节水研究现状与展望》一文，论述了生物节水是一个有明确应用目标的科学命题，体现了提高植物水分利用效率和增强抗旱性的有效结合的论点，使“生物节水”的理念不断完善与发展。与此同时，与石元春等共同发起举行了第 267 次以“生物节水技术及发展前景”为主题的香山科学会议，随后由中国科学院主办召开了“第一届国际生物节水理论与实践大会”。最终，生物节水作为与灌溉节水、旱作节水并列的综合配套技术纳入《国家中长期科学和技术发展规划（2006—2020）》之中。

他从植物身上获取了第一桶“金”，新增产值 1.74 亿元、利税 1.2 亿元

谈及农业节水的重要性，山仑院士说，众所周知，中国是

全世界水资源最贫乏的国家之一，水资源供需矛盾十分突出，而解决这个问题的办法，一是开源，二是节流。节流就是节约利用和保护好水资源，这是当前解决我国水资源紧缺的首要途径，也是从根本上解决水危机的前提和基础。节约用水，潜力最大的是农业，农业是第一用水大户，占全国用水总量的70%左右。农业不但用水量大，浪费也严重，节水潜力大。因此，改变农业用水方式，大力发展节水农业，就成为一种必然的选择了。农业节水就是充分利用降水和高效利用灌溉水，节水灌溉就是科学灌溉，这就要改变传统观点，树立科学概念。如作物需水量的概念，水资源平衡的概念，土壤水在水资源组成中的地位等。

山仑院士解析说，农业节水是一项集多学科理论和技术于一体的系统工程，要解决的中心问题是提高水的利用率和利用效率，实现既节水又增产的双重目标。农业节水包括水资源优化配置、充分利用自然降水、高效利用灌溉水以及提高植物自身水分效率等多方面的内容。就水资源而言，并不限于地表水和地下水，还应包括全部的降水资源及土壤水的作用。生物节水就是通过从单叶到群体不同层次上的植物水分利用效率来实现。作物的耐旱性，即作物忍受低水势和耐脱水的能力，它往往与其节水能力有关。耐旱性强的作物或品种同时具有相对高的水分利用效率，但这往往以牺牲其绝对产量为代价。只有同时提高作物的水分利用效率和耐旱性能，才能真正实现作物的高效用水。

山仑院士说，长期的研究实践证明，植物各个生理过程对水分亏缺的反应各不相同，而且水分胁迫可以改变光合产物的分配。水分胁迫并非完全是负效应。特定发育阶段，有限的水分胁迫对提高产量是有益的。植物在水分胁迫解除后会表现出一定的补偿生长功能。在某些情况下，不仅不降低作物的产量，反而能增加产量，提高植物水分利用效率。调亏灌溉正是基于上述认识，在作物生长发育的某些阶段，主动增加一定的水分胁迫，即人为地让作物经受适度的缺水锻炼，从而影响光合产物向不同组织器官的分配，以调节作物的生长过程。

山仑院士对旱地农业研究的主要精力放在半干旱地区，数十年来，他的足迹遍布数十万平方公里的黄土高原地区，不怕苦不怕累，长期蹲点调查研究，积累了丰富的实践经验。在低产条件下，半干旱地区影响作物生长的要害不在于降雨量少，而在于降水未能充分利用的论点，就是他长期在黄土高原宁南山区蹲点调查研究取得的重大成果。这项研究成果新增产值1.74亿元、利税1.2亿元，其成果曾被列入“国家科技成果重点推广计划”。这是山仑院士和同事们一起从植物身上获取的第一桶“金”。

山仑院士1983年在黄土高原半干旱地区宁南固原的试验表明，在一般年份，农作物对2米土层内水分利用量仅为38%，收成好的年份可达59%，充分说明土壤水分未被有效地利用。据此他提出黄土高原半干旱地区作物生长不良，产量过低，往往不是由于土壤水分过缺，而是由于根系下扎不够，利用土壤储水能力太差造成的。因此，加强对促进根系扩展和吸收能力的研究，对黄土高原作物生长具有重要意义。

山仑院士解析说，黄土高原土层深厚，质地疏松，持水孔隙率高，具有很强的储存和调节水分的功能。如果作物对水的利用层以 2 米深计算，则每亩可蓄存水分 550 毫米左右，深厚的土层不仅为植物根系向土壤深层扩展提供了适宜的环境，而且使深层根系发育的作物能利用深层储水，具有更强的抗旱能力。他说，发展半干旱地区农业的成功经验集中到一点就是寻求改善生态环境与提高土地生产力的结合点，采取使两者同时受益的关键技术。在黄土丘陵地区，以水平梯田为主的基本农田建设，既有效控制了水土流失，又促进了增产，在一定发展阶段起到了关键技术作用。但是结合点和关键技术是在不断发展的，黄土高原地区也在不断寻求新的技术生产与保护生态的结合点。比如，今后探求如何既保水又集水的更高标准的基本农田，以及如何通过改良生物体本身以适应干旱环境等。

他继续在探寻植物“身上”的水能量，续写“生物节水”新篇章

生物节水这个新的研究方向已经引起了学术界的广泛关注和认可，具有强大的生命力和广阔的发展前景。而山仑院士则认为，虽然生物节水原理与技术已经在实践中运用，诸如调整种植结构、选用抗旱节水品种、应用化学调控手段改变物质代谢以提高抗旱性等，但还未能像工程节水、农艺（耕作）节水那样大力推进，这主要是由于生物节水本身的未知数多、潜力大、难度也大。

作者问难度大在哪里？山仑院士解析说，生物节水直观视

角看不见，是一种“隐形”节水，受时空和机制等多方面的因素限制。单从科技含量高这个角度讲，就包括群体适应、生理调控、遗传改良等多种因素，一般人不易掌握，要在科技人员指导下进行，快速全力推进费时、费力。

他说，群体适应、生理调控和遗传改良是实现生物节水的三个主要途径，而培育抗旱节水的新品种和新类型，则是这一研究的“核心目标”。研究实践表明，干旱缺水并不必然降低作物产量，在一定生育阶段的适度水分亏缺，往往可以同时促进节水与增产。不超过适应范围的缺水，在复水后对生理、生长和产量形成补偿效应。种间和品种间的水分利用效率存在显著差异，作物进化过程中伴有水分利用效率的提高，说明培育高水分利用效率的品种，符合进化的方向。

山仑院士最后强调说，正是由于生物节水的未知数多、潜力大、难度也大，我们依然在继续深入研究探索破解的途径，譬如，如何科学利用少量的水发展微水灌溉——半干旱地农业以适应缺水地区农业持续增产的需求等，并希望有更多的有识之士积极参与这项变革，携手共进，开创新局面。

2012 年 6 月，接到采访百岁寿星、治河专家徐福龄的任务，我感到十分荣幸。我从小就认识徐老，总喊他徐伯伯，他是我最敬重的一位长者。

若水人生映大河

作者采访徐老

当我走进徐老的家门，徐老和他的女儿笑吟吟地迎了上来。我想，这么多年没见，徐老一定不认识我了。没想到，徐老紧握着我的双手说：“小红！小红！”听到徐老依然亲切地喊出我的名字，我万分激动地说：“徐伯伯，您还认得我？”徐老笑呵呵地说：“认得！认得！小时候总跟我要糖吃！”一席话说得我们都笑了起来，徐老惊人的记忆力让我叹服。

徐老和他的女儿非常热情地把我请进书房。走进徐老的书房，满屋的书香气息扑面而来，书架上放满了古今中外的治河名典，书桌上摆放着徐老练习书法的笔墨纸砚，还有一摞厚厚的徐老写满字的宣纸。我一一看过，不禁被几幅字所吸引，“上善若水”“长河人生”“一言九鼎”。望着眼前这位德高望重的百岁老人，望着他慈善和祥、纯净如水的目光，我不禁想这几句话真是徐老一生的写照啊！

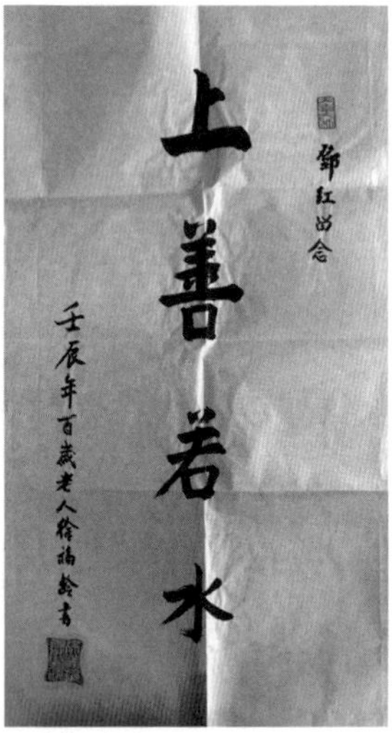

徐老为作者题字

上善若水，水善利万物而不争。水可以说是世界上最纯净、最有力量的物质。在我眼中，徐老有着水一样的品质：清澈、透明、丰富、深邃、坚韧、包容。徐老的一生就像一条流淌的大河，在事业上执着追求、永不停息，将自己有限的一生献给了无限的治河事业；在做人上朴实无华、真诚守信、豁达宽容、知恩图报。

徐老是一位享有盛誉的治河专家。1935年，从河南省立水利专科学校毕业后，他被分配到黄河水利委员会工作，从此与黄河结下了不解之缘，并且一干就是78年。

说到与黄河的结缘，徐老笑称是老师的一巴掌让他认识了黄河。13岁那年，他在济南读小学，上地理课时，老师让全班同学每人画一幅山东省彩色地图。说起当时的情景，徐老记忆犹新，他用手在嘴边比画着说，地理老师长着黄胡须，非常严厉。他看完徐老画的地图，板着面孔问道：你画的地图有没有错？徐老回答说没有。老师面带愠色地问道：你再仔细看看究竟有无错处？他坚持说没有！地理老师非常生气，抬手就打了他一巴掌，怒吼道：你把黄河的尾巴画到莱州湾了！

听到这里我打趣地说："真是不打不相识，一巴掌把你打到了黄河边！挨了打，你不记恨老师吗？"徐老笑眯眯地说："挨了一巴掌虽然有点儿疼，但我没有记仇。我画错了，老师批评得对，知错就改，老师打我也是为了我好，那是他恨铁不成钢嘛！"

见徐老说话有些吃力，徐老的女儿接过话头说："父亲一直都是宽以待人，别说是老师，就是对持不同意见的人也是这样。"她说起了一件往事："开封解放前夕，父亲在黄河水利工程总局任故道南岸南一总段段长。当时，总局下令所属单位均立即南迁。各单位都迅速行动，只有父亲领导的南一总段按兵不动。父亲认为治理黄河是为人民谋福利，共产党来了也要治黄河。于是，父亲决定带领200多名员工到开封投奔冀鲁豫解放区的黄河水利委员会。当时，有一位员工因为是地主家庭出身有顾虑坚持要回老家。父亲不但没有强求他，还给他路费让他回了老家。父亲的宽厚表现在多方面，就连曾经迫害过他的那些人，父亲不但不记仇，仍以诚相待。父亲总是说，看问题不能离开时代背景，在那个特殊的年代，应该理解和原谅他们的过激行为，不能责怪他们，他们也是受害者。父亲的宽容使那些迫害过他的人自感内疚。后来，他们到家里来，父亲都是以客相待。有事相求，父亲也是竭力相助，对过去的事只字不提。"

徐老的女儿接着说："父亲从来都是对人宽对己严。我们姐弟六人除弟弟当了干部，其余五姐妹大都在工厂当工人，有的还在外地。父亲一再教育我们要自强自立。我们姐妹五人都听从父亲的话，一直在工厂和基层工作。我们都很争气，年年都被评为先进工作者，没有给父亲丢脸！”

徐老博大宽厚的胸怀令人景仰。不仅如此，徐老还是一个特别懂得感恩、讲诚信、说话掷地有声、一言九鼎的人。所有帮助过他的人他都铭记在心，哪怕是一句温暖的话语，他都是几十年牢记心头，这一点特别让人敬重。徐老的女儿又给我讲了一段徐老开封还债的故事：“1938 年 5 月黄委会西迁西安时，日本侵略军已逼近开封，当时人心浮动。河南修防处部分员工被就地疏散，父亲也在疏散之列。父亲赶回家时，家里已乱成‘一锅粥’，等着他回来拿主意。就是在那样的情况下，他却还记着欠蒸馍铺曹掌柜 42 元馍钱。他找到曹掌柜说：‘如果我两个月能回来，一定还你；如果不回来，以后也一定还你。’没想到由于战乱，等父亲再次来到开封已是 8 年以后了。父亲到开封办的第一件事，就是找曹掌柜把欠的馍钱还上。当他费尽周折找到曹掌柜还钱的时候，曹掌柜简直不敢相信自己的眼睛，一再说算了吧，老朋友了，难得你这么多年还记着这事，能结识你这样诚信的人是我的荣幸！可父亲还是坚持把钱还了。父亲说这是做人的准则，说到就要做到，人要讲信用，别人的恩情当铭记肺腑，要知恩图报。如果不懂得做人的道理，一个人无论多么聪明、多么能干，那他最终的结局只能是失败。人生最重要的是做人！”

听着徐老女儿讲述的一件件往事，我心中涌动着温暖与感动。徐老的品行如水一样"与善仁"，心境如水一样"心善渊"，立身处世如水一样"正善治"，言行如水一样"言善信"。正可谓"德高寿增逾期颐"。

言谈中，与徐老长期共事的老朋友、黄河史志专家杨国顺先生前来看望徐老。我趁机让徐老稍事休息，请杨先生谈谈徐老对治理黄河的重要贡献和晚年组织领导编纂《黄河志》的情况。杨先生也是一位知识渊博、学风严谨的学者型专家，早年曾担任过《黄河 黄土 黄种人》的副总编辑。他欣然接受了我的请求。

2012 年春节，作者父亲（左）与徐老合影

杨先生介绍说，徐老长期从事黄河下游防洪工作，积累了丰富的实践经验，是黄委高层领导防洪抢险方面的参谋和智囊，对下游防洪有重大贡献。东平湖和北金堤滞洪区建设、黄河下游河道整治工程和滩区治理、沁河大樊堵口和杨庄改道工程等，

都是采纳了徐老的建议而付诸实施并发挥了重要作用。滞洪区工程已成为黄河下游防洪工程体系的组成部分。黄河下游河道整治和滩区治理正在不断推进和完善。特别是滩区治理，已引起了新任黄委主任陈小江的高度关注，强调要正确处理治水治沙治滩与惠民富民安民的关系，要把滩区治理作为民生工程，加快治理步伐，确保190万滩区人民生命财产安全。沁河大樊堵口和杨庄改道工程也是徐老直接参与出谋划策而建成，并产生了重大社会效益和经济效益的民生工程，徐老功不可没。

谈到徐老晚年组织领导编纂《黄河志》的工作，杨先生深情地说，编纂志书是传承历史、服务当代、开拓未来的重要工作，是艰巨而光荣的任务。1983年，徐老70岁高龄的时候，被任命为《黄河志》总编辑室主任。他以求真务实的态度全身心地投入这项新的工作中，带领大家白手起家，学习、借鉴、探索、实践，花费了大量的心血。《黄河志》11个卷本的篇目，是徐老亲自执笔拟定的，是该志书的基本框架，为志书的编纂打下了坚实的基础。“人生有限，事业无穷”是徐老的座右铭。1985年，徐老72岁时终于实现了自己的夙愿，被批准加入中国共产党。从此，他更加勤奋地为党工作。离休后，他仍继续从事修志工作，坚持半天上班、半天休息。在家休息他也闲不住，仍为《黄河志》审稿。直到80岁高龄时，他才完全脱离修志工作。其间，他还担任了《中国大百科全书·水利卷》等多种志书的部分撰写工作。1999年，徐老被中共中央组织部授予“全国离休干部先进个人”称号，这是党组织给予这位“高龄新党员”的最高褒奖。在长期的黄河防洪抢险工作中，徐老积累了丰富的实践经验。在耄耋之年，他仍笔耕不辍、勤于研究，还先后出版了多部个人专著，把自己丰富的治河实践经验传授给后人，可谓：老骥伏枥，壮心未已。

采访结束时，我看到徐老刚写的一首有感百岁的诗：“我今一百岁，期望保平安。一生坎坷运，尝尽苦辣甜。”徐老的女儿说这是老人第一次提到“坎坷”二字。我想，这也许是老人在百岁之时回想自己跌宕起伏的一生而对现在安宁生活的一种珍惜之情吧。

水虽然滔滔不绝、流经沟壑，却百折不挠、一往无前、生生不息！

治河专家徐福龄的一生，就像一条大河，默默地、永不停息地向前流淌着。他把自己的毕生精力献给了祖国的治河事业。

祝愿徐老晚年幸福安康！

扩展阅读：

人生有限 事业无穷

1983年3月18日，黄河志总编辑室成立，黄委领导物色的总编辑室主任的首要人选，就是治黄专家，人称“黄河通”、黄河防洪“活辞典”的徐福龄先生。因为编纂这样一部反映黄河河情、全面总结古今治黄经验、探索黄河规律的志书，首先要了解黄河，而且还要学识渊博、功底深厚、具备较强的组织协调能力。于是已70岁高龄的徐福龄被任命为黄河志总编辑室首任主任，古稀之年开始谱写治河新篇章。

一、白手起家　创业维艰

万事开头难。对于治河一辈子的徐福龄来说，编纂志书是一个陌生的领域，是一项崭新的工作，徐老以求真务实的态度全身心地投入到这项工作中。

首先是广觅人才。人才是修志的关键。在专职人选方面，对知识渊博、了解黄河、文字能力强又有编志热情的人，徐老多次上门拜访，诚邀他们加入修志队伍。在他的精心挑选与凝聚力感召下，一支精干的、业务素质高的由8人组成的工作班子组建起来了。紧接着，他又敦促黄委下辖各局、院组织编辑力量，全面推进编志工作。

班子有了，黄河上下近百人的修志队伍成立了，可修志毕竟是项陌生的工作，徐老带领大家白手起家，查资料、翻档案、学习、借鉴、探索、实践，在摸索中推进工作。他组织总编辑室人员讨论学习，购买学习资料，走访专家，同时派出人员参加编志培训班，学习修志的基本理论和知识。徐老和其他同志一起，一上班就埋头在图书馆、档案馆，置身于浩瀚的史籍中研读黄河，和同志们一起研究如何选择突破口、制订修志计划、拟定编纂大纲。经过反复酝酿讨论，大家逐步统一了认识，为探求编修志书的路子，决定在大型多卷本《黄河志》编纂工作开始之前，先从编写《河南黄河志》入手。至此，《黄河志》编纂工作迈出了重要的一步。

二、典型引路 开拓创新

河南黄河段处于黄河中下游的部位，历史上决口改道频繁，自古就是治黄的重点地区之一。新中国成立后，河南黄河岁岁安澜，河南黄河治理的成就，可以说是整个黄河巨变的缩影。因而紧紧围绕这些特点，系统、实事求是地编写一部有特色的《河南黄河志》非常必要。

资料是修志工作的基础，没有充足的、系统的、翔实的资料，是编不出好的志书来的。徐老工作的最大特点是带头实干，他带领大家大量阅读各种文献，琢磨体例，并采用走访当事人、发动老同志写回忆录、召开座谈会、抢救“活资料”及向社会上征集治黄文献资料等方法，广泛开展资料收集工作，为试编《河南黄河志》做准备。

为了统一试写的思想，徐老一方面组织编志人员学习有关修志的文件，掌握编写新方志的必要知识；一方面又研究了旧志的特点，探讨了编志的继承和创新问题。同时，在编志人员中反复强调要有敢于首创的精神，要敢于突破旧志的框框，要敢于创新。新编的《黄河志》，不仅要求内容新、观点新，体例也要新，记事要力求通俗易懂，简明扼要，朴实流畅。徐老坚持“秉笔直书”的原则，用资料说话，用史实说话，做到“述而不作”，不拔高，不溢美，不发空论，不用浮词，保持志书的资料性、可靠性，使志书经得起时间的考验，经得起历史的检验。

徐老又不仅仅依赖档案、史籍、资料。1984 年，鉴于黄河下游历史上河道多变的情况，徐老提议由黄河志总编辑室组织，进行河南武陟县至河北馆陶县境黄河故道的考察，目的是希望通过实地考察，挖掘资料，求得实证，以弥补史料的不足。从沁河口到河北馆陶的黄河故道上，留下了徐老跋涉的足迹。通过这次考察，获取了大量宝贵的第一手资料，为编写黄河志提供了重要依据。

编纂大纲是志书的框架，反映了志书的层次结构，对志书的成败起着决定作用。徐老亲自拟出《河南黄河志》的编纂大纲，并对志书如何反映行业特点，如何突出黄河特色，怎样更能符合志体等方面进行研讨，在篇目安排上以“利、害、治”为主线，在具体内容的选择、组织方面，以“今古兼顾，详近略远，以今为主”为原则。《河南黄河志》编纂大纲先后进行了 6 次修订，特别注意了志书体例的特点，篇目力求突出主体，章节标题力求简短、准确、鲜明。除了编纂大纲，徐老还承担了大量的撰稿与审稿任务。经过 3 年夜以继日、不辞劳苦的辛勤耕耘，这部浸润了徐老一腔心血的《河南黄河志》（65 万字）终于如期完成并于 1986 年出版。

《河南黄河志》成为我国新编成书最早的一部江河志，出版后受到全国史志界和水利系统的广泛好评，并荣获1986年河南省地方志成果一等奖，这给了徐老很大的鼓舞。

三、齐心协力 共铸辉煌

按基本篇目，《黄河志》共分为11卷，内容涉及黄河的方方面面和各个领域，编纂工作量大，牵涉面广，事类繁多，学术性和科学性都很强，需要依靠各方力量团结协作共同努力才能编好。

1988年开始，《黄河志》进入全面编写、审稿、出版的关键时期，志书的总体设计和框架结构至关重要，黄河志总编辑室多次邀请有关专家研究讨论，要求根据治黄工作的特点，突出流域性和黄河特色。《黄河志》11个卷本的篇目，是徐老亲自执笔拟定的，是该志书的基本框架，为志书的编纂打下了坚实的基础。《黄河志》题目确定后，编志人员跑遍了流域内各省（区）收集资料，查阅了大量古今文献资料，并对这些资料进行去伪存真、去粗取精的筛选和加工。在编辑过程中，编志人员还走访了重大治黄事件的当事人，并多次进行野外实地调查，力求资料准确完整、翔实可靠。

黄河志总编辑室承编的第一卷《黄河大事记》是一部跨度很大的黄河编年史，是前无古人的大作，徐老承担了从大禹治水到元代共计3400多年黄河大事的记述。上下

3400多年黄河上发生的事项繁多，涉及面广，各种史料记述有时也不尽相同，存在诸多困难。总编辑室考虑到徐老年逾古稀，让他上午上班，下午在家休息。但实际上徐老不分上班下班、家里家外，把资料带回家，不仅下午接着干，而且晚上仍然加班加点地查阅历史文献，反复进行鉴别选择。徐老每天写稿、审稿，脑子里装满了志书，整个人都陷在志书中。

盛世修志，在黄河就要先修防洪志。徐老长期从事黄河防洪工作，所以编纂《黄河防洪志》徐老义不容辞。从全书的统稿、策划编写到审阅书稿，徐老花费了大量的心血，审阅、修改志书达3遍之多。每一处修改，每一个意见都要经过核实、斟酌，他认真严谨的工作治学态度感染着黄河志总编辑室的每一个人。

《黄河防洪志》（70万字）出版后先后获得中共中央宣传部首届“五个一工程”优秀图书奖和第六届中国图书奖一等奖，并受到国家防总和水利部的通令嘉奖，在水利界和历史地理、方志学界引起强烈反响。《黄河志》编纂工作取得了突破性进展。

党和国家领导人十分重视《黄河志》的编纂工作。1990年8月，全国政协副主席钱正英为《黄河规划志》作序；1991年5月，主管黄河防汛工作的国务院副总理田纪云为《黄河防洪志》作序；1991年8月，国务院总理李鹏为《黄河志》作总序言。

在黄河志总编辑室全体同志共同努力下，1991年12月，《黄河志》第一批成果《黄河防洪志》《黄河大事记》《黄河规划志》三部志书共180万字正式出版。1992年1月7日在郑州河南人民会堂举行《黄河志》首批成果出版新闻发布会，在社会上引起很大反响，中央电视台、《人民日报》《光明日报》等数十家新闻单位进行了报道。不久，国务院副总理田纪云在郑州接见了《黄河防洪志》的编纂及出版工作人员，并为黄河志工作题词："编好黄河志，为认识、研究和开发黄河服务。"黄委老主任王化云生前赞誉《黄河志》是黄委的官方文件，是黄委的一张名片。

《黄河志》首批成果问世在社会上引起广泛关注和赞誉，极大鼓舞了广大《黄河志》编纂人员，他们再接再厉，乘胜前进，继续加紧《黄河志》其余各卷的编审工作。从1992年起，大型志书《黄河志》陆续分卷出版，至1998年《黄河志》各卷全部出版。1999年，《黄河志》（总11卷）荣获河南省地方志优秀成果一等奖。

《黄河志》编纂从1983年开始着手收集资料，1987年开始编写，1991年开始分类出版，1998年12月全部出版，历时15年，经历了艰苦的编纂历程，编辑室全体工作人员特别是徐老付出了辛勤的劳动。《黄河志》11卷的内容涉及黄河的方方面面和各个学科领域，共组织数百名专家学者撰稿审稿，要达到内容完全准确又体例统一不重复和前后矛盾，着实不是一件易事。《黄河志》各卷的顺利出版，是黄委各届领导及其编志部门组织众多专家学者和广大编志工作者进行群体攻关所结出的硕果，特别是与徐老的辛勤工作是分不开的。对于治河一辈子的徐老来说，《黄河志》这样一部体现时代特点、反映黄河河情、全面总结古今治黄经验、探索黄河规律的志书，也是他老骥伏枥的壮心的结晶。

“人生有限，事业无穷”是徐老的座右铭。徐老一生与黄河为伴，为治黄事业呕心沥血，1985 年，徐老 72 岁时终于实现了自己的夙愿，被批准加入中国共产党。从此，他更加勤奋地为党工作，将晚年生涯献给了修志事业。

2015 年 3 月 3 日，德高望重的徐福龄先生仙逝。作为一名治河专家，作为黄河志总编辑室的创始人，他不图名、不趋利的高尚品德，他宽厚、谦和的风范永远留在人们的记忆里。

徐老在书房

黄河是举世闻名的多沙河流，古人常以“黄水一石，其泥六斗”“九曲黄河万里沙”等语言描述黄河多泥沙的天性。黄河多年平均输沙量为16亿吨，如果把黄河的16亿吨泥沙堆成高、宽各1米的土堤，长度为地球到月球距离的3倍，可以绕地球赤道27圈。由此可见，黄河含沙量之高，泥沙总量之大，在世界上是绝无仅有的。

虽然黄河泥沙貌似一个个细小的颗粒，但是这些细小的泥沙能量却很大，每年约有4亿吨泥沙淤积在下游河道，使黄河河床每年以10厘米的速度抬高，导致黄河下游成为“地上悬河”。黄河的泥沙淤积问题一直是世人关注的焦点，迄今为止仍未得到根本解决。

江恩慧从大学毕业从事黄河泥沙研究工作那天起，就把泥沙作为她科学研究的主战场。她孜孜不倦地苦心钻研，探索实践，开拓创新，不断前进。她37年一直聚焦黄河泥沙研究，在水沙运动基础理论、游荡型河道整治、黄河泥沙动态调控、流域系统科学等方面均取得了突破性进展，得到国际、国内学术界的广泛认同，成果直接应用于黄河流域生态保护和高质量发展重大国家战略工程实践，纳入《黄河流域生态保护和高质量发展规划纲要》和《中华人民共和国黄河保护法》，社会、经济与生态环境效益显著。

黄河泥沙王国探秘

江恩慧在办公室

江恩慧，出生于1963年11月，中共党员，博士，正高级工程师（二级），黄河水利科学研究院原副院长，曾担任天津大学、南开大学、山东大学、河海大学、郑州大学、华北水利水电大学、三峡大学等校博士生导师。曾连任两届国际大坝协会水库泥沙专业委员会主席，现任中国水利学会流域发展战略专委会主任委员，中国大坝工程学会水库泥沙处理与资源利用专委会主任委员，水利部科学技术委员会委员，中国湖库清淤与泥沙利用协同创新平台理事长。曾获得过“治黄科技拔尖人才”“河南省优秀青年科技专家”“水利部青年科技英才”“全国水利系统先进工作者”“全国优秀科技工作者”等多种荣誉称号。获全国创新争先奖、国家有突出贡献的中青年专家、全国十佳优秀科技工作者、钱宁泥沙科学奖、《中华人民共和国黄河保护法》编撰记功嘉奖、The Women with Hydro Vision Awards 等，入选国家百千万人才工程、水利部“5151”人才工程等。主持和参与完成国家重点研发计划、国家自然科学基金重点项目等国家级、省部级重大项目 200 多项。发表论文 300 余篇，SCI/EI 收录 100 余篇，出版专著 21 部，获国家发明专利 34 项。获国家科技进步奖一、二等奖各 1 项，省部级科技进步特等奖、一等奖 8 项，二等奖 6 项。

人造“小黄河”：研究黄河泥沙的起跑线

谈起怎样与黄河泥沙结下了不解之缘，江恩慧说，那得从刚参加工作谈起。1986 年大学毕业走进黄河泥沙研究的殿堂，她接受的第一项任务是参加“六五”国家攻关项目“浑水灌溉”试验。她随同项目组的老同志段学琪工程师一起到人民胜利渠现场进行野外测验，时值盛夏，骄阳似火，她行走在窄窄的拱桥上，手握着沉重的螺旋桨流速仪，又累又热，脸晒得黝黑。因为这是第一次把大学学到的理论知识与实践相结合，所以，她觉得虽苦犹乐，别有一番情趣。

经过几个月的野外试验和实地观测，有经验的老科研工作者提醒江恩慧，由于渠首闸前河势游荡摆动很厉害，再加上河床的抬高，引水造成很多粗颗粒泥沙入渠，引黄灌溉出现了一些新情况、新问题。比如，沉沙池已经淤满，难以发挥有效作用，导致干支斗渠渠系严重淤积；再如，粗沙入田后造成土地沙化，渠系清淤泥沙会带来生态问题等。江恩慧边听、边记、边思考，她花费了两个多月的时间，查找资料，探究 20 世纪 50 年代的黄河河势及修建人民胜利渠初期的入渠入田泥沙颗粒级配情况，认真对比分析，编写了一篇小报告，交给了项目组组长、高级工程师张永昌。1987 年，江恩慧回家过完春节回到单位后得知，她的那篇短文竟被当时的黄河勘测规划设计研究院作规划时采用了，还给她发了“辛苦费”，验证了“实践出真知”的哲理。她真是喜出望外，受到鼓舞，初尝到科研的乐趣，从而更坚定了她从事泥沙研究工作的信心。她感慨地说：“年轻人，或许就是那么一点儿小小的鼓励，就可能促使你迈出一大步！”

江恩慧说，正当她满怀信心地奔波在人民胜利渠的浑水灌溉试验与观测场地之时，1988 年春节前，和她同年分配到黄委水科院的研究生张红武约请她共同参与输水输沙及河道整治工程防护等模型试验研究工作。对她来说，这绝对是一个人生道路和科研工作的转折点。她坦率地对记者说，说实话，起初真的不想去，主要原因是在学校学的是农田水利工程，当时担负的任务又同自己所学的专业紧密相关，而模型试验需要深厚的泥沙专业知识，这不是自己的强项。张红武反复劝说，举例中外知名水利专家学者，大都从事过模型试验研究。1923 年，德国累斯顿大学教授恩格斯首次把黄河搬进实验室做黄河丁坝试验；1933 年和 1934 年，中国先后派出李赋都和沈怡两位知名学者赴德国参与汉诺夫大学方修斯教授进行的治导黄河试验；李保如、屈孟浩等老一辈黄河泥沙专家都对黄河模型试验作出过重要贡献。我们要传承老一代泥沙专家无私奉献的精神，开创黄河模型试验新局面。江恩慧觉得张红武说得有道理，就接受了这个新的挑战。

这是挑战，更是机遇。随即开展的花园口至东坝头河道动床模型，为江恩慧提供了一个稳步成长的平台。花园口至东坝头河道动床模型，就是把这个河段的黄河搬进实验室，在被浓缩了的“小黄河”上观测这个河段黄河水沙运移过程中下游河道沿程的水位、河势、含沙量、床沙变化及河道工情险情分析等，通过对黄河自然形态的反演、试验，为防洪及河道整治提供科学依据。

经过几年的艰苦努力，花园口至东坝头河道模型终于建成投入运用，并不断完善提高，取得了多项试验成果。随着时间的推移、人员的变动，江恩慧也由参与逐步转换成为主持人的角色，并陆续在该模型和后期建成的小浪底至苏泗庄河道模型上开展了百余组试验，试验成果均被主管部门采用，为河道整治及防洪决策提供了支撑。江恩慧说，最令她难忘和感到自豪的是1996年在花园口至东坝头河道模型上所做的那次洪水预报试验。

江恩慧介绍说，20世纪90年代，黄河下游持续的泥沙淤积抬高使黄河防汛形势日益严峻，水利部、黄委领导决定让他们在模型上开展洪水预报试验。1996年汛前，他们根据当年的预报，预测来水来沙过程，然后在模型上施放，看不同洪水情况下黄河下游滩区的漫滩情况。那时的黄河下游河道“高滩不高”的局面已相当严重，但遇到一定量级的洪水滩区会出现什么情况，由于多年没来大水，地方政府、防汛部门、沿黄群众谁心里都没数。尤其是老百姓，总认为黄委净给大家找麻烦，危言耸听。做这次模型试验就是要看看不同洪水时哪种情况会漫滩，漫滩的程度有多大，为防汛部门做防汛预案提供参考数据。所以，这次试验大家都很关注，黄委及有关部门领导全来了，一些市县河务局长、防办主任也来了，模型试验大厅站满了人。他们先从 1000 立方米每秒流量开始放水，慢慢往上涨。当放到 6000 立方米每秒时，双井工程上首原阳高滩边沿的一个“路堤”开始破口，滩区开始大量进水；当水涨到 8000 立方米每秒时，整个“原阳高滩”全部是水，“高滩”上的居民和地全部淹掉。试验实况使大家感到震惊，有不少人持怀疑态度，不相信 6000 多立方米每秒的洪水会上到“原阳高滩”。送走客人，江恩慧针对质疑沉思起来。团队负责人张红武也提醒她：“你再仔细想想整个操作过程，看有没有失误的地方，试验结果对不对。”她的压力外人难以想象，部长在等着试验结果，以便防汛部门部署下一步防汛工作。她仔细回顾了放水之前的整个操作过程和试验流程，每个步骤都是严谨的，不会有错，于是，她坚定地说：“没问题，就这么报！”

没想到当年 8 月 5 日那天，当地真的来了大洪水，洪峰流量达 7680 立方米每秒，恰巧洪水在 6000 立方米每秒时在原阳高滩、开封高滩漫滩了。洪水上滩的部位、漫滩的范围、有可能出险的控导工程及部位、出险的形式等，与模型试验结果非常相似。实际上，河南黄河河务局在洪水来临之前已经按照模型试验的结果，对几个关键工程进行了加高培厚，有效避免了一场工程出大险的洪灾。大家都口服心服了，有人夸赞说，模型试验真是为防洪抗灾立了大功。

江恩慧说，如今在各级领导的关怀帮助下，黄河模型试验有了长足发展。除了一些小型、局部河道模型外，又建成了三门峡库区、小浪底库区、黄河下游河道三座大型河工模型，为三门峡、小浪底水库运用方式的研究、桃汛洪水冲刷潼关高程、调水调沙、下游防洪、二级悬河治理、河道整治等治黄实践提供了强有力的科学支撑。黄土高原模型、河口治理模型、基础研究模型等都在积极建设中，“模型黄河”正在朝着系统化、标准化、规范化的目标迈进！

一次次的成功，一项项的成果运用于治黄实践，不仅增进了江恩慧深入研究黄河泥沙问题的信心，也增进了她对母亲河的深厚感情。老部长杨振怀曾多次到模型上视察，每次都认真地与江恩慧讨论治黄的一些重大问题，他曾经鼓励江恩慧说，看得出你对黄河很有感情，努力吧！

黄河下游游荡性河段：攻关克难的主战场

黄河下游游荡性河段，河床宽浅水流散乱，主流变化无常，常发生横河、斜河，顶冲堤防、险工，造成重大险情，威胁防洪安全。因此，多年来江恩慧一直把主攻的目标集中在黄河下游游荡性河段，深入研究其输沙特性、冲淤演变以及粗泥沙、高含沙对河道的影响，从战略高度的视

江恩慧考察黄河下游游荡性河段

角深层次分析研究游荡性河段黄河水沙冲淤演变中出现的一些奇特现象的机制，取得了新的突破。江恩慧主编的《黄河下游游荡性河段河势演变规律及机理研究》一书，对这项研究作了翔实的总结。

《黄河下游游荡性河段河势演变规律及机理研究》深入探讨了黄河下游游荡性河段河床演变的一些奇特现象，揭示了“河性行曲”“河床演变关联性”“畸形河湾”发生发展的机制。中国工程院院士韩其为评价说：“该书研究成果丰富了河流泥沙工程学、河床演变学等学科，为河道整治方案确定探索出了较全面的研究分析方法，更为重要的是这些成果为今后黄河下游游荡型河道整治及其有关经验和数据提供了理论支撑。本书有很大的现实意义和前瞻性，必将对黄河下游河道整治工作产生深远影响。”

拜读这部著作，笔者似懂非懂，曾数次约请江恩慧作解读，但每次笔者如约来到她的办公室后，都因她公务繁忙谈不了几句话就中断了，最后只好放到下班后的休息时间。那天晚上，江恩慧用了整整两个半小时，对记者感兴趣的几个问题作了通俗易懂的解读。对于“河性行曲”，江恩慧说这就是河流的一种自然现象。为了更清楚地解释天然河流自然弯曲机制，她假定天然河流都从顺直状态开始，河流为水体在河道内的运动，自河流形成的那一刻，水体运动必定要与河道物质相接触，河道边壁上任一微小突起或泥沙颗粒的扰动都将使水流发生局部急剧的减速，继而出现分离，产生分离漩涡；即使边壁的几何形态是平滑的，也会由于河床物质的不均匀性或同种河床物质在不同部位沉积特性的不同，使河岸边壁存在抗冲强度上的不均匀性，在水流拖曳力作用下，抗冲性较弱部位率先发生淘刷，形成凹陷，促使水流发生分离或形成漩涡。在分离漩涡的生成、脱离以及破碎、衰减周而复始的过程中，来自主流的动能将不断地转变为功而耗散。漩涡在近边壁区生成、脱离和破碎的过程中，在强烈的紊动猝发、大尺度涡动的“脱举”和“解体”控制之下，必将对粗糙壁面上的糙元——泥沙颗粒进行毫不留情的“挖掘”“脱离”“喷射”“清扫”，也就是说涡核在解体的同时形成的负压抽吸、挟持边壁上的泥沙颗粒进入水流。如此反复、持续不断作用的结果，将逐渐形成“犬牙交错”的边滩。随着“犬牙交错”边滩的形成，边壁区的水流流态发生变形，出现类似于边壁突然变化的渠槽。水流经过此区域，必定产生分离，使边壁区立轴环流又开始逐步发育，更进一步加大了从边壁区搬运泥沙的力度，也进一步促进了“犬牙交错”的边滩向弯曲型河道雏形状态发展，从而逐步发展进入弯道环流状态。“河性行曲”是河流的共性，对这一规律及机制的认识为黄河下游微弯型方案治理提供了理论支持。

江恩慧见笔者听得入了迷，又讲了一个泥沙动力学破案的故事。她说，数年前，黄委办公室有位负责同志打电话说有件事要咨询她。她去了之后，那位负责人说是郑州市公安局为侦破一个案件，想请一位泥沙专家帮忙做个水槽试验。因为被害人的尸体是在原阳的黄河滩地上发现的，现在抛尸的具体地点确定不了案发地是郑州还是开封。听说黄河的水沙情况复杂，从此处抛投下的物体，就要到上游去找，不要去下游找，弄得侦破人员一头雾水，并买来一头大肥猪做试验，仍得不出定论，为此他们想出钱请一位泥沙专家做一项水槽试验。江恩慧回答说，这事用不着我去，也用不着花昂贵的试验费，我派赵连军、李军华两位助手去就足矣。他们到公安局看了介绍案情的幻灯片后，依据泥沙动力学原理，分析推断抛尸地点不是在北岸的原阳，而是在南岸郑州北郊的马渡工程某道坝上，尸体是顺水流漂到对岸在河滩上搁浅的。破案之后，果真是他们说的那个地点。为此，公安局还送来了一封很长的感谢信表扬了这两位同志。

作者听后感慨地说，这真是太神奇了。江恩慧解释说，其实道理很简单，就是河流动力学弯道环流基本原理。笔者听后折服了，这泥沙还真有研究不完的学问呢！于是笔者又请江恩慧解读了笔者甚感兴趣的畸形河湾、揭河底、洪峰增值等一些奇特的现象，她的解读使笔者大开眼界。

近几年，笔者经常看到黄河下游畸形河湾造成的重大险情的报道，于是想请江恩慧讲讲畸形河湾的形成机制，为什么会出现畸形河湾。她说，其实很简单，就是水流强度与河床淤积物抗冲能力的一个博弈。畸形河湾的形成还是土质结构的问题，正常的水流本来是应该沿着它固有的流路蜿蜒前行，如果在某个地方有一个胶泥层的存在，水本来应该从这里穿过去的，可胶泥层的抗冲能力强，水就穿不过去。如果是大洪水，水可以从上面过去，或是把这块儿整个冲掉，水流也可以很规顺地过来。问题是现在我们遇到持续的小洪水过程，水流遇到胶泥层，它的冲击能力弱（胶泥层是极细沙淤积沉淀形成的），水必须沿着胶泥层的边缘走，持续冲刷胶泥层周围抗冲性很弱的其他河床物质，这慢慢地就形成了畸形河湾。另外，黄河上经常看到的一个现象，就是胶泥层下边被水流淘刷以后出现悬空，形成一个悬壁，悬到一定程度后它承重能力达到极限，就会轰然倒塌入河。很多人不了解黄河这一特殊现象，这一类的人员溺水事故多次出现。比如，有一年春天，几位郑州的大学生到黄河花园口游玩，他们正站在黄河边上观景，刹那间，脚下的泥层突然塌陷，年轻的生命随即掉进河中，根本来不及抢救。

与胶泥层紧密相关的还有黄河的另一奇观“揭河底”。“揭河底”是黄河上独有的一种高含沙洪水期河床剧烈演变现象，主要发生在黄河小北干流及支流渭河河段。“揭河底”现象发生时，河床在短时间内遭受强烈冲刷，河底成块、成片的淤积物从河床上被掀起，有的露出水面，然后坍落、破碎，被水流冲散、带走。由于“揭河底”现象形成条件比较特殊，可供研究的资料相当缺乏，是黄河科研的一大难题。江恩慧带领她的团队在水利部“948”技术创新与转化项目资助下，开展了黄河高含沙洪水“揭河底”机制的研究，系统分析了揭底河段前期河床淤积情况以及“揭河底”的表象特征，建立了清晰的“揭河底”物理图形，即胶泥块形成、胶泥块被逐渐淘刷、胶泥块失稳揭出、胶泥块翻出水面四个动态过程，并首次通过室内水槽试验成功复演了真正意义上的黄河“揭河底”现象，使“揭河底”这一奇观在实验室再现。目前，江恩慧带领她的研究团队对这一问题的研究并没有停止下来，通过国家自然基金项目以及水利行业科研项目的资助，利用薄膜式压力传感器等先进的传感器，对胶泥层底部水流形成的上举力作用机制进行更深入的研究。正是由于泥沙无形的功能造出了这么多奇特的自然现象，才增加了黄河下游游荡性河段治理的难度。摸清了其形成的机制，可以为有关部门提供了科学的数据，从而加快了黄河治理的步伐。

关于洪峰增值，江恩慧说，2004年以来黄河下游调水调沙中发生了洪峰增值现象，假如小浪底放出来的流量是2000立方米每秒，中间伊洛河、沁河加水又很少，到了花园口之后，一下子出现4000多个流量，这种现象就叫洪峰增值。为什么会出现这种现象？江恩慧说：“以前做花园口至东坝头模型试验搅拌系统设计的时候，读过苏联的《泥浆水力学》，又拜读过侯晖昌的《减阻力学》，我一下子就把它们联系起来了，这就是极细沙‘减阻’。我相信水量是平衡的，它只要出现减阻现象，等洪水一过来，阻力减小了，后面水一下子就赶上来了。概念有了，如何验证呢？最好的办法就是数学模型。我们通过数学模型进行单因素分析，看看阻力减小的时候洪峰能不能增值，不同条件下增值的幅度有多大？数学模型计算结果一出来，全清楚了。水整个是平衡的，就等于把前面的槽蓄水量挖掘出来，后续来水推着把这股水往前叠加，这就出现了洪峰增值。”基于此，江恩慧团队又开展了理论研究、水槽实验，从力学层面揭示了洪峰增值的机制，提出了减小黄河下游洪峰增值的调控对策，在调水调沙小浪底水库调度方案制订中被采纳。自2009年开始，黄科院在调水调沙期间多次准确预报了下游河道的洪峰增值过程，为黄河下游防汛决策提供了重要参考。

泥沙研究工作在一般人眼中是件枯燥的事情，而在泥沙专家江恩慧眼中却是在神奇莫测的广阔天地“淘金”。她孜孜不倦地在黄河下游游荡性河段这个“富矿”中抱出了一个个学术价值极高的“金娃娃”，为黄河下游河道整治提供了强有力的科技支撑，为治理黄河作出了重大贡献。

黄河泥沙处理和资源利用有机结合：开拓创新新途径

在长期的黄河泥沙研究实践中，江恩慧有收获、有成绩、有突破，也有困扰与启迪。困扰和启迪之一就是泥沙处理和资源开发利用的有机结合。近几年来，她一直在思考这个问题，开始意识到不能一味地在水库里拦截泥沙，更不能无休止地在下游被动输沙入海。要另辟蹊径，变被动为主动，把取之不尽的泥沙作为资源开发利用，并将其转化为产品，为治理黄河和国家经济建设服务，为人民造福。基于这种认识，江恩慧和她带领的团队，把研究的视角转向了泥沙的处理与资源利用有机结合上来。

江恩慧说，泥沙利用最重要的是认识问题，要更新观念，转变思路，建立泥沙资源利用新理念。泥沙资源利用的理念不是现在才提出来的，我们只是传承和发展了这种理念。

江恩慧介绍说，近几年来，她和她带领的团队在泥沙研究实践中提出了深水水库泥沙处理与利用有机结合的一些新理念新技术，获得了多项国家专利，建立了一套适合不同河段泥沙物化特性的泥沙固结指标体系，开发了胶凝化系列产品，研制了系列新型生态建筑制品和防汛抢险材料，被列为水利部重点科研成果推广项目，得到运用。

江恩慧举例说，土地是稀缺资源，泥沙是流失的土地，也是不可多得的稀缺资源。淤背固堤、放淤改土，是泥沙利用的有效途径。结合这项工作的开展，放淤管道输沙经过不断地改良、创新，已经成为一项成熟的实用技术。根据黄河泥沙颗粒细等特点，黄科院研发了专用环保型固化剂，使黄河泥沙砖能够保持结构致密、强度高，并研制出泥沙蒸养砖、泥沙烧结砖、黄河抢险大块石等产品。特别是从2006年开始，就在原阳、巩义、兰考等河段进行了抢险大块石试验生产及抛投，取得了很好的成效，既节省了大量天然石料，又满足了防汛需要。目前他们还在继续跟踪监测应用效果。

江恩慧十分欣喜地对笔者说，2012年7月21日，黄委“黄河泥沙处理与资源利用工程技术研究中心”正式挂牌成立，黄委主任陈小江出席仪式并揭牌。这标志着黄河泥沙处理与资源利用又向前迈进了一步，必将进一步促进黄河泥沙处理和资源利用的工程化和产业化进程，使黄河泥沙变害为宝，为黄河治理和沿黄地区经济社会发展服务。我们一定要抓住这个契机，站在黄河流域治理战略高度，转变思路，科学规划，做好泥沙处理与资源利用的顶层设计，把泥沙处理与资源利用有机结合起来，把治水治沙与治滩有机结合起来，实现黄河的长治久安！

2012年年末，全国文明单位、连续多年人均年收入位居山东黄河首位的淄博黄河河务局又传来喜讯：2012年经济总收入达2.19亿元，人均创收100万元，全局职工人均年收入达到8.9万元，比2011年度增加6%，在小康路上稳步前进！新年伊始，作者怀着崇敬之情走进淄博黄河河务局，专访了该局局长、人称小康路上领头雁的李振玉，探寻他领导下的淄博黄河河务局改革创新、职工共富的秘诀。

雁 阵

初次与李振玉局长相见，他就给我留下了睿智、干练的印象，随着交谈的深入，更感到这位中年汉子胸怀宽广，充满了仁爱之心，是一位亲民、爱民、为民的好领导，让人敬重。他以身作则，干事创业，想大事、干实事、识大体、顾大局，带领全局职工团结奋进，走上了改革创新的发展之路。

解放思想抢抓机遇，乘势而上谋发展

未见李振玉局长之前，我曾走访了淄博局下属的高青河务局刘春家管理段，参观了淄博黄河建设管理基地。这座集办公、生活、会务、黄河文化展示于一体的多层组群式建筑，建筑面积 3800 平方米，设计考究，风格独特，设施齐全，像一座星级宾馆。为改善职工生活，他们还建有蔬菜基地、养殖基地，常年向职工免费供应无公害蔬菜、肉、禽、蛋、油等绿色食品。去年供应职工蔬菜 15 万千克，鸡蛋 1.3 万千克，油 1.2 万千克，供给每个职工的绿色食品价值每年都在 1 万元以上。职工中一家有一辆私家车的比比皆是，一家两辆私家车的也很多，甚至还有三辆车的。职工福利好，工资高，心情舒畅，安居乐业。看到听到这些，我深受感动，我发自肺腑地对李局长说："做你的职工真幸福啊！"李局长爽朗地大笑起来："我们发展经济，职工确确实实得到了实惠，我们也得到了回报，那就是职工的笑脸！职工幸福指数提高，同时也促进了事业的发展，单位向心力、凝聚力强，大家干事业的劲头更大了，职工精神面貌焕然一新，提升了黄河人的形象。"我由衷地赞扬说："你真是一位干事创业的好领导。"李局长谦虚地说："这都是各级领导关心关注、全体职工共同努力的结果，当然也和我们领导班子成员解放思想、大胆创新、带领职工拼搏实干分不开。"

谈起淄博黄河河务局的发展历程，李局长娓娓道来：众所共知，水利是个贫困行业，黄河又是水利部门的贫困之最。但一切问题都脱离不开大环境，即时代背景。长期以来，全国上下都奉行"先治坡后治窝""先生产后生活"的理念，在这样的大背景下，为了治河防洪，黄委系统市、县级河务局的领导机关大都设在黄河岸边偏僻的农村，给职工生活带来许多困难和问题，长期处于贫困、封闭、落后的境地。有一首顺口溜形

李振玉局长（中）在基层调研（李斌 摄影）

容说："远看像要饭的，近看像卖炭的，走到跟前仔细看，原来是黄河段的。"这是对当时处于贫困境地黄河人的真实写照，让人听了心里很难受。

沉默片刻，李局长接着说，尽管环境艰苦、条件差、社会地位低，但我们的职工却默默无闻地守护着黄河，确保了黄河岁岁安澜，并磨炼出了"艰苦奋斗、无私奉献"的精神，为国家经济社会发展作出了巨大贡献。"贫穷不是社会主义"。忧患意识使我们的职工开始认识到不能死守贫困，要变压力为动力。在确保黄河安澜的前提下，要想方设法改变现状，走出困境。这就迫使我们解放思想、改革创新，走发展经济、脱贫致富之路。

机会终于来了，随着时代的变迁和经济社会的发展，特别是改革开放为我们带来了极好的发展机遇。由于地域区划调整，原属滨州市管辖的高青县划归淄博市，高青黄河河务局也划归新成立的淄博黄河河务局。淄博黄河河务局虽说下属只有一个县级河务局和 4 个直属单位，是市级河务局中的"小弟弟"，但小有小的优势，大有大的难处。领导班子带领全局职工扬长避短，乘势而上，趁市局机关向淄博市区搬迁、县局机关向高青县搬迁之际，在地方政府的关怀帮助下，我们在淄博市区为市局机关新建了近万平方米的办公大楼和宽敞舒适的职工宿舍。

淄博黄河基层管理基地（李斌　摄影）

在高青县城为县局机关也新建了办公大楼和职工宿舍，逐步为职工的工作生活创造了安定的环境，缓解了职工子女上学、就业的后顾之忧。与此同时，领导班子又筹措资金不失时机地为三个基层河务段在黄河岸边建起了各具特色的办公楼和职工公寓，绿化美化了环境，逐步改善了基层职工的办公和住宿条件，在黄河岸边建设基层管理基地，把刘春家管理段、养护队、疏浚工程处、闸管所、抢险队、黄河派出所、风景区管理处等7个基层单位集中在一个大院，改善了工作、生活和环境面貌，使基层职工过上了城市人的日子，走上了工作着、生活着、快乐着，向富裕生活迈进之路。

更新观念发展经济围绕多种优势找财路

随着职工办公条件、住宿条件和生活环境的改善，极大地稳定了职工队伍，促使大家更加积极地投入治黄工作。李局长说，防洪保安全是市级河务局的首要职责，是各项工作的重中之重，在扎实有效、认认真真地做好这项工作的前提下，我们发动职工解放思想，转变观念，大力发展黄河经济，不断壮大实力，脱贫致富奔小康。他动情地说，黄河职工的苦日子过够了，早就想过富日子，这也是大家的愿望。职工的美好愿望就是我们的奋斗目标，但光有想富的愿望不行，还得会富，要找准致富的门路。这个重任就落在了领导者的肩上。经过深入调查，反复研究对比，领导班子达成了共识：不能盲目发展，要依托黄河优势、地域优势、资源优势做经济文章。跨河交通是优势，黄河大堤是优势，背河淤背区是优势，黄河水更是优势……要瞄准优势选项目，上特色项目，打造名优品牌，壮大实力，为强局富民夯实经济基础。

李局长介绍说，前些年，浮桥、公路桥在山东沿河各地蓬勃兴起，我们就抓住机遇，动员职工集资入股与地方合作参与惠青公路桥建设，控股率近 1/3。接着又积极参与运营管理，目前，这已发展成为一个既稳定又有后劲儿的长效经济项目，为职工带来了实实在在的经济效益。

高青黄河大堤堤侧种有数千亩桑树林，谈到这个项目，李局长兴奋地说，桑树林既是一道亮丽的生态景观，又是一个取之不尽的“绿色银行”，既有观赏性，又有经济价值。这是我们经过多方考察、反复论证之后由高青黄河河务局、高青县政府、高青丝绸公司联合开发的一个特色项目。目前，黄河上的淤背区大都栽植的是用材林和经济林。用材林的树种大都是速生杨，优点是长得快，缺点是虫害多；经济林树种大都是苹果树和梨树，由于栽种面积不断增大，价钱上不去，增值率低。我们看中了高青县是丝绸之乡的地域优势，栽植桑树有巨大的潜力。桑叶养蚕可为发展丝绸业提供原料。桑条具有韧性大、拉力强、便于裹护的特点，可以就地取材，制成“桑石枕”，用于黄河防汛抢险的总需，一举双赢。目前这个项目也取得了长远的经济效益。

引黄供水涵闸（李斌　摄影）

“引黄供水更是我们的优势。”李局长强调说。淄博市是全国严重缺水的城市之一，人均水资源占有量仅为全国人均占有量的15%左右，水资源短缺制约了淄博经济社会的发展。黄河是淄博市唯一的客水资源。近年来，淄博市已经作出了“优先利用客水（黄河水），合理利用地表水，控制开采地下水，积极利用雨洪水，推广使用再生水，大力节约用水”的综合用水指导原则。我们抓住这个机遇，加大了引黄供水力度，实施推广农业用水和工业用水两水分离分别计价，不断扩大工业用水量、引黄生态补源工程，用足用活黄河水。

桓台县远离黄河，2008年3月开工建设的桓台引黄补源工程，经过半年的紧张施工，就建成通水。黄河水流进了桓台县的红莲湖、马踏湖及城乡水系，为桓台人民送上了生态致富水，特别是为马踏湖供水后回补了地下水，改善了湖区周边的生态环境。“水岸住宅”“水景楼盘”在湖边悄然崛起，房价飙升，湖边的普通住宅小区房价也翻了一番。我们实施的马踏湖生态补水工程，不仅为马踏湖注入了新的生机，由于我们参与了工程施工，也为职工带来了经济效益。李局长说，在发展这些特色项目的同时，我们在工程施工、第三产业等方面也都取得了一定的经济效益，为强局富民打下了坚实的经济基础。

以人为本，心系民生，倾力打造“共富”模式

有了经济实力之后，如何合理分配又成了一道难题，为此李局长又苦费心思。经过反复思考，领导班子达成了共识，一致认为要本着“以人为本，心系民生，稳高增低，缩小差距”的原则实施收入分配。李局长解析说，具体来说，就是一次分配（即基本工资）按国家政策规定执行；二次分配（即奖金补贴）基本拉平，向基层和低收入者倾斜，不亏待老弱病残，逐步缩小差距。这样执行了数年后，受到了广大职工的欢迎，被赞之为“共富”模式。

我听后连连称赞，并打趣说：“这样你不觉得吃亏吗？”李局长坦诚地说：“不吃亏！因为我的基本工资已经比一般职工高了，不能再在奖金、补贴上多拿，那对工资低的职工太不公平了。以我为例，我2004年在省局机关任副处长时月工资是2100多元，调市局工作后由于地区差别降为1600多元。现在我的工资已经涨到上万元，增长了7倍。一般职工虽然也增长了7倍，但我还是比他们多出将近1倍。以2012年为例，全局人均年收入为8.9万元，局机关人均年收入11万多元，最高的

19 万元，我是 17 万元，我很知足了。”李局长端起茶杯喝了口水接着说，前年出现一个特殊情况，住房公积金我们领导班子成员原来执行的是每月 750 元，规范津补贴后要降到 695 元，其他职工都要涨，我们班子成员 6 个人有 5 个要降，怎么办？我说国家政策要坚决执行，虽然对我们是一种损失，但对大多数人来说是一个好政策，原来拿多了，该降就降，其他人该涨就涨。李局长顿了顿又说，缩小差距当时确实也有同志想不通，觉得自己工作时间长，为单位的发展出力多、流汗多、承担的责任多，工资高些是应该的。但是我说这是一个大局意识和境界问题，我们是一盘棋，要多为大家考虑。刚来的大学生虽然工作时间短，但是给我们单位带来了新鲜的血液，使我们单位充满了活力和朝气。他们虽然经验差点，但是精力旺盛、能跑能颠，效率不一定低。再者他们花钱的地方也多，要恋爱、要结婚、要买房、要孝敬父母，你把他们当成自己的孩子来看待就没有什么想不通的了。

市局办公室主任李斌插话说，李局长处处以身作则，为职工着想，从不计较个人得失。我们淄博黄河河务局有个内部规定，凡是对外联系到项目的，可以提取信息费。李局长跑来了好多项目，按规定可以提取几十万元的信息费，而他一分钱也没有拿。李斌接着又说，以前我们局年终奖差距很大，局长 1 万元，科长 5000 元，一般职工 400 元。这几年执行了“共富”模式的分配办法后，大家的年终奖连年增加，而李局长的年终奖却一直稳着没动，依然是 1 万元；科长从 6000 元、7000 元、8000 元一直涨到 2012 年的 9000 元；一般职工从 400 元一直涨到现在的 5000 元，差距逐渐缩小，职工群众十分满意。

李局长接着说，我一直强调要走“共富”之路，要树立一盘棋思想，挣的钱是大家共同努力的结果，有福大家共享，只有岗位的区别，没有岗位的特权。听到这里我不由得说，最近习近平总书记强调要“消除贫困，改善民生，实现共同富裕”。你们的“共富”模式完全符合习近平总书记重要讲话和党的十八大精神。李局长连连摆手说，话不能这么说，我们只是在改革发展中摸着石头过河，取得了一点实效，还要继续探索前进。接着，他又缓缓地对我说，我们领导班子的所思、所想、所盼、所坚持不懈并为之而奋斗的，都是围绕着 4 条方针展开：“文明建设是主线，让精神文明旗帜高扬；防洪保安全是主业，让黄河永远安澜；经济创收是主打，让经济实力不断壮大；全局职工是主人，让人人都工作着、生活着、快乐着！”李局长进而解释说，这 4 条相辅相成，互为因果，从而催生了“共富”模式的形成和发展。

我默默思索着这 4 条方针的哲理和内涵，心中豁然开朗：这不正是淄博黄河河务局“共富”模式的秘诀嘛！

居安思危，持续前进，小康路上不停步

新的一年已经开始，我问李局长有何新打算。谈到今后的打算，他说，回顾过去，有成绩，有收获，也有问题和不足，我们要发扬成绩，正视问题，顺应民心，尊重民心，凝聚民智，面向未来，继续前进！

李局长说，2013 年，是深入贯彻落实党的十八大精神的开

局之年，是实施“十二五”规划承上启下的关键之年，是践行可持续发展治水思路和治河新理念奋发前进的一年，我们要转变作风，真抓实干，修订制度，转换机制，树立发展意识，强化机遇意识，增强创先争优意识，不忘忧患意识，努力提高职工的幸福指数，处理好积累和消费的关系，继续把淄博黄河的事业向前推进。

李局长说，习近平总书记说，群众的美好愿望就是我们的奋斗目标。经过多年拼搏奋战，虽然我们已经实现了淄博黄河职工脱贫致富的愿望，解决了温饱问题，迈上了小康之路，但与党的十八大提出的全面建成小康社会的总目标还有很长的路要走，与职工新的要求和更高的期盼相差甚远。因此，我们领导班子针对广大职工的新要求、新期盼、新情况、新问题，研究制订了新的措施，带领全局职工向新的目标迈进！

李局长说，措施之一是完善和延伸“共富”模式的内涵，把“共富”模式做大做强，把已经在淄博黄河河务局内部行之有效的做法向外部延伸，使更多的人受益。比如，与有困难的黄河兄弟单位结对帮贫扶困，派专人进驻贫困村帮助村民脱贫致富，对社会上发生的突发性灾害，发动职工捐助献爱心……

李局长说，措施之二是修订完善流域与区域合作的机制，拓宽发展黄河经济的空间和力度，除巩固发展原有的特色项目外，还要积极参与地方政府打造的山东半岛蓝色经济区和黄河三角洲高效生态经济区建设。我们已经着手组织施工队伍参与有关项目，既助力地方经济社会发展，也增长和壮大自己的经济实力。

李局长强调说，为了满足职工群众更高的期盼和要求，措施之三是下大力气继续提高职工的幸福指数，要采取措施，加强管理，使基层管理基地和绿色食品基地更好地为职工服务。比如，组织劳动模范、有突出贡献者、离退休职工轮流到基层管理基地休闲度假；不断提高绿色食品的质量，增添绿色食品的品种……

听着李局长 2013 年的新打算，我不由自主地回味起淄博黄河河务局由穷变富的发展历程，想起了在基层管理基地大院听到的一首新的顺口溜：“远看像大机关，近看像星级宾馆，走到跟前仔细看，原来是黄河基层单位的联合大院。”

走出李振玉局长办公室的时候已经是华灯初上，外面寒风凛冽，冰天雪地，可是我的胸中却涌动着一股暖流，如沐春风。像李振玉局长这样处处为职工着想、为职工办实事的好领导，就像冬日里的阳光，让人温暖。

我们需要这样的好领导……

他在黄河博物馆工作多年，他熟悉黄河，热爱黄河，几十年的工作中，拍摄了大量反映黄河博大壮美又极具视觉冲击力的图片，并出版有多本个人摄影画册，是名扬大河上下的黄河摄影艺术家。

感光黄河

把一条河“装”进了博物馆

黄河，中华民族的摇篮，在我们祖国辽阔的土地上，没有哪条河流像黄河这样与中华民族有着这么深的联系；也没有哪一种力量像黄河这样对塑造华夏文明起着无法估量的作用。所以，毛泽东曾感叹：“你们可以藐视一切，但是不能藐视黄河。藐视黄河，就是藐视我们这个民族。”

在中原郑州，坐落着我国唯一的一座以河流为专题的博物馆——黄河博物馆。它是国家为了展示黄河风貌，表现中华民族灿烂文化，宣传、保护、治理黄河而建的。黄河博物馆里，那初露文明曙光的仰韶文化、闪烁着生命火焰的青铜时代、震人心魄的万里长城、气势飞扬的汉唐艺术、坚固的“水上长城”、雄伟的三门峡大坝及世人瞩目的小浪底工程……以珍贵的文物，翔实的资料，精美的图片，把一条河“装”进了博物馆，成为中外人士了解黄河的“重镇”。

黄河博物馆原来只是一个展览馆。20 世纪 80 年代初，殷鹤仙出任馆长后，为建馆上下呼号，四处奔走。在水利部原副部长、黄河水利委员会主任王化云同志的直接关心和多方支持下，原黄河展览馆终于在 1987 年正式改建为黄河博物馆。当时资金少、文物无法从地方平调，殷鹤仙一方面从各地征集水利文物和黄河文物，一方面从自己做起，建立资料库。从此，大河上下留下了他数不尽的足迹，黄河水利委员会、黄河博物馆有了珍贵的图片资料库。

从黄河源头的涓涓细流，到壶口飞瀑的震天波涛，从巍峨壮观的三门峡大坝，到如剑在喉的地上悬河，他的作品无不透射着深厚的文化内涵，无数观众被他极有感染力的作品所震撼，在他的作品前思索、回味。

如果谁想拍一张照片，只要轻轻地按一下相机快门即可，简单极了。但要拍一张文化底蕴深厚、内涵丰富、构图精美的好照片，则非易事。

1999 年江泽民总书记考察黄河，国家防总和黄河水利委员会准备汇报材料时需要一张悬河图。拍悬河的照片不少，但挑来挑去，最能表现悬河特点、最有特色的照片还是殷鹤仙于 1984 年拍摄的悬河图。这张照片是他在开封黑岗口拍的。黑岗口是拍摄悬河形势的最佳河段。那时，他为了选取一个好角度，东奔西走，反复比较，最后以大堤坡面上的一条小路作陪衬，

悬河（殷鹤仙　摄影）

把黄河河床与大堤之间的地势差充分地表现出来，起到了画龙点睛的作用。照片上，临河是高悬的河水，背河是低洼的村落和田地，悬河形势一目了然。现在之所以再也拍不出这种效果来，并不是悬河不存在了，而是大堤后新建了百米宽的淤背大堤，那条小路已消失，悬河的特点无法再很好地表现出来，殷鹤仙的这张悬河照片便成了绝版。现在有许多报纸杂志凡是要表现悬河的照片，大多采用殷鹤仙的这一张，有的杂志发表这张照片时，甚至特别注明本刊资料，殷鹤仙对此只有苦笑了。

像悬河图之类的绝版照片还有许多。比如，他于 1984 年拍摄的黄河花园口和小浪底坝址的作品，现在花园口已经建了一座大桥，小浪底工程已经开工，因而再也无法重现花园口的原貌，再也无处寻觅小浪底的旧容了。

心与黄河相连

1940 年，殷鹤仙出生于江苏省太兴县的一个农民家庭，他是在田野里无拘无束长大的。外祖父是办学堂的文化人，受其影响，殷鹤仙从小就痴爱读书。1961 年，他考上了武汉测绘学院。大学毕业，他被分配到西安国家测绘局，在西北 5 省（区）搞测量。

从长江畔走到了黄河边，殷鹤仙开始认识黄河并爱上黄河。他喜欢黄河的壮美和大西北的粗犷。这一切激励着他，感染着他，影响着他，母亲河更令他魂牵梦绕。所以，在他以后的摄影作品中，黄河成了一个永恒的主题。

殷鹤仙以黄河作为自己创作的立足点，拍雄美壮阔的黄土高原，拍波涛震天的壶口瀑布，拍蜿蜒回转的九曲黄河，这些作品无一不透着万古黄河的浩气、泱泱大河的恢宏及他对这条河的深情。有时为了拍好一幅作品，他常常背着沉重的摄影器材翻山越岭找角度，为等光线一等就是好几天，经常吃不上饭，喝不上水。每完成一次集中拍片，人都要瘦许多斤，胃炎和低血糖还常年折磨着他。

殷鹤仙的摄影作品，能直入人心，让人久久难忘。与别人相比，他作品的最大特点是角度新颖，构图简洁，直扣主题，具有美术主题画的效果。他全方位地把黄河展示在人们面前，无论是搞美术的、搞摄影的，还是搞工程的、搞地理的，都喜欢欣赏他的作品。翻开《河颂》画册，不少人会被其气势磅礴的画面震撼，又会被其细腻表现的人文内蕴感动。在他的镜头中，黄河的身体是多姿动人的，黄河的颤音是凝重悠远的：既有逼人的庄严肃穆，又有母亲河的怀抱温情；干涸的伤痕无语裸露，呼啸的激流不息奔腾；仿佛传来了远古的呼唤，又见新建大坝的壮丽巍峨；似听驼铃声声，又见绿波盈盈……

在黄河博物馆展厅，有一幅巨作《九曲黄河》。只见从天与地相接的远方，迂回曲折、从容不迫地游来了黄河，没有奔腾的激浪，没有呼啸的怒涛，它像一条无头无尾的金色丝带飘来，千回百转，把人的思绪引入漫漫的历史长河。画面上，黄河是那么静谧，那么温柔，缓缓地就来了，这就是我们中华民族的母亲河。到博物馆参观的观众，常常在这幅作品前驻足细品，思索回味，他们被这幅作品表现出的历史穿透力所震撼，但在这张作品背后，是创作者经受的常人难以忍受的艰辛。这是一幅航拍照片。航拍对飞机领航的技术要求极高，颠簸是常见的，而一旦飞机颠簸，就会使千辛万苦等来的光线、构图难再觅寻。有时，选好了地段，由于种种原因飞机不能起飞，他就要在机场苦苦地等。有时因为气流不稳，“运五”飞机就剧烈晃动，机上人员包括副驾驶员都晕得一塌糊涂。后来由于受不了这种颠簸，几个同志相继退出了拍摄。在黑山峡河段拍《九曲黄河》时，同机有人忍不住喊起来：“受不了了，恨不得跳下去算了！”殷鹤仙也吐得手脚发麻，半躺在飞机上仍在调焦，总算抢拍出了这幅作品。

拍黄河的人不少，可像殷鹤仙这样回回云天鸟瞰，每每痴留驻足于黄河上下的人并不多。他拍照片已达到了忘我的境地。拍摄时，他的全部感觉与乐趣都集中在按下快门的一刹那，世界仿佛不存在了，存在的只有右手食指尖的感觉，那一刻的喜悦与满足是无法用语言来描述的。殷鹤仙说，如果心有杂念，是拍不出什么好作品的。有一次，他凌晨从陕西吴堡水文站动身拍片时，天还是黑的。当时，没有好的拍摄角度和光线，他就跟着纤夫一起走。走到一个悬岩边时，从上面往下看，沙滩呈S形构图，恰逢太阳刚刚升起，河中的小船像摇篮一样在水中荡漾，船上的人正生火做饭，一缕炊烟袅袅升起，寓意无穷，

摇篮曲（殷鹤仙 摄影）

恰好又是侧逆光线，他马上用 135 毫米定焦镜头以反转片拍摄下来。这就是那幅被人交口称赞的《摇篮曲》……确切地说，殷鹤仙的一幅幅佳作，是黄河赐给这位捧着心来见她的人的。

黄河流域内大部分地区属干旱、半干旱地区，风沙、水土流失灾害严重，年复一年的水土流失和泥沙淤积，以及沿河生态环境的恶化，黄河面临上段部分断流枯竭，下游洪水相逼的困境。这一切，殷鹤仙是清楚的，也是焦虑的。他把镜头一次又一次对准了黄河的焦点。汛期，黄河浊浪滔天，惊涛拍岸，殷鹤仙就赴抗洪第一线。1982 年 8 月，黄河下游发生了每秒 15300 立方米的大洪水，中央决定启用东平湖分洪区，他及时赶到现场，抢拍了分洪的镜头，留下了历史的瞬间。黄河上中游的黄土高原水土流失严重，千沟万壑，筋骨嶙峋，在殷鹤仙的作品中，既壮观，又悲怆。他以图片为形象的语言，从水土流失的状况、成因、危害、防治和水土保持的效益几个方面，编辑出版了《黄河流域水土保持》画册，作为反映黄河流域生态环境治理的重要资料。他还把镜头对准了断流的黄河和被污染的区域……迄今为止，殷鹤仙已经拍摄了上万张照片，公开发表的数以千计，参与编辑出版的有关黄河的画册有十多本。

殷鹤仙的镜头中还跳动着黄河流域各族的黄河人。常年沿着黄河流域拍摄，在陕北、甘肃、青海一带来来去去，殷鹤仙对黄河人充满了深厚的感情。在恶劣的自然环境中顽强生存、热情纯朴的黄河人感染着他，吸引着他。有一次，在甘南草原玛曲，殷鹤仙在阴雨绵绵中随车走了十几个小时，又冷又单调。云雾中，远处突然出现了几顶黑白帐篷，五六位藏族妇女和她们的孩子奔车而来。当时光线较暗，从镜头中一看，红红绿绿，高高低低，他们一会儿重叠，一会儿散开，彩巾飘动，笑容满面。殷鹤仙一下子兴奋起来，职业的习惯使他意识到就要出彩，他紧贴相机，屏着气，不断地对焦、按快门，草原、羊群、帐

喜相逢（殷鹤仙　摄影）

草青青（殷鹤仙　摄影）

篷虚化成背景，女人和孩子的笑容灿烂极了，在这动人的瞬间，他抢拍出了《喜相逢》。又有一次，在甘肃洮河边上一次藏族运动会上，他看到远处一对藏族男女趴在野草中盯着运动会赛场，褐色皱纹的脸在草丛中格外醒目，他没敢惊动他们，用100毫米长镜头拍下来，他的作品又多了情趣与沧桑相映的《草青青》。

英国博物馆协会参观团在观看了黄河博物馆之后，有人十分钦佩地说："我们在世界各地参观过很多博物馆、展览馆，却从没有见过像你们这样把一条河装进了博物馆，而且办得这样引人入胜。希望这个有意义的展览能在英国展出，让不能来中国的英国人都能了解伟大的黄河。"著名英籍女作家韩素音女士对黄河博物馆的所见赞叹不已，曾三次到黄河博物馆参观。中国台湾地区《大地地理》杂志的记者王美瑗女士参观后激动不已地说："黄河是中国大地上桀骜不驯的巨龙，也是我们梦中久违的母亲，感谢让我们参观了黄河博物馆，我们永志不忘！"她返台后积极联系，促成《大地地理》杂志与黄河博物馆在台北大地艺术中心成功举办了"黄河 黄土 黄种人"展览，在当地引起了巨大反响。澳大利亚一位女市长看了黄河摄影展后说："这些图片太漂亮了，希望你们的展览能到世界各地巡回展出，它不但是黄河展览，同时也是摄影艺术展，拍这些照片的人了不起，一定是知名的摄影艺术家。”

殷鹤仙以他创作的大量黄河摄影作品名扬大河上下，而他的足迹依然深深地踏在黄河两岸，他仍然在为黄河忙碌着。百折不回的黄河，深深影响着这位跟黄河打了几十年交道的学者，他已把自己的生命融进了这条大河之中，把自己的爱融进了他的摄影作品中。

后　记

历时半年之久，《长河流年》终于要付梓出版了。掩卷长思，需要表达谢意的话很多……

首先感谢黄河水利委员会治黄著作出版资金的资助和大力支持！感谢黄河水利作家协会主席、黄河文化专家、研究员侯全亮先生在本书写作过程中给予的关怀和多方悉心指导！感谢黄河水利委员会新闻宣传出版中心张松主任给予的关心、支持和鼓励！感谢河南省作家协会副主席、河南省文学院副院长冯杰师兄拨冗为拙作撰写序言并题写书名！

本书图片由殷鹤仙、黄宝林、朱卫东、王建民、赵何晶、李斌、杨书方、丁洪安等同志提供，在此一并表示感谢！另有部分图片为黄河博物馆馆藏资料和《黄河 黄土 黄种人》杂志社资料，特此说明并致谢忱！

最后感谢在我写作过程中给予理解和支持的家人和朋友！

作者

2024 年 4 月